爱上科学

Science

星光收集者

小天文望远镜简史

■ 张超 著

人民邮电出版社

北京

图书在版编目（CIP）数据

星光收集者：小天文望远镜简史 / 张超著. —— 北京：人民邮电出版社，2022.3（2023.6重印）
（爱上科学）
ISBN 978-7-115-56725-3

Ⅰ．①星… Ⅱ．①张… Ⅲ．①天文望远镜－普及读物 Ⅳ．①TH751-49

中国版本图书馆CIP数据核字(2022)第011290号

内 容 提 要

本书介绍了小天文望远镜的发展历史。小天文望远镜是指天文爱好者和业余天文学家使用的设备，也被称为业余天文望远镜。小天文望远镜和专业天文望远镜同一时期诞生，但沿着不同的方向发展和演化。从地域发展来看，小天文望远镜从欧洲起步，兴盛于美国和日本，未来的发展在中国。从演化角度来看，17世纪早期至20世纪初，小天文望远镜因其多用黄铜材质、金色外漆，所以被称为金色时代；20世纪后，小天文望远镜有了机械仪器的感觉，由此进入了灰白时代；之后，一部分小天文望远镜成为大众消费品，迈入了彩色时代。本书重点介绍了20世纪50年代至20世纪90年代的小天文望远镜的发展。

20世纪五六十年代，伴随着经济复苏，人们对探索浩瀚宇宙的兴趣陡增，面向大众的小天文望远镜逐渐出现并得到迅速发展。望远镜行业中的新旧品牌开始大力研发新产品，在新旧"势力"的共同作用下，小天文望远镜出现了一波发展浪潮。本书围绕这一波浪潮，对这一阶段小天文望远镜的重要发展进行了梳理，首次向公众展现了很多不为人知的史料和故事，为读者重现了这段精彩纷呈的天文望远镜发展历史。

本书非常适合天文爱好者和对天文感兴趣的普通读者阅读。

◆ 著　　　　　张　超

责任编辑　胡玉婷

责任印制　彭志环

◆ 人民邮电出版社出版发行　　北京市丰台区成寿寺路 11 号

邮编　100164　　电子邮件　315@ptpress.com.cn

网址　https://www.ptpress.com.cn

北京瑞禾彩色印刷有限公司印刷

◆ 开本：880×1230　1/32

印张：10.5　　　　　　　　　2022 年 3 月第 1 版

字数：220 千字　　　　　　　2023 年 6 月北京第 5 次印刷

定价：99.80 元

读者服务热线：(010)81055439　印装质量热线：(010)81055316
反盗版热线：(010)81055315
广告经营许可证：京东市监广登字 20170147 号

序 1

小天文望远镜的梦想

三十多年前，我有幸进入北京师范大学天文系学习，由此逐渐从一名天文爱好者转变为一名天文工作者。在当年的求学和日后的工作中，我依然保留了很多少年时期养成的习惯，其中之一便是收藏和摆弄各类天文望远镜。在 20 世纪 80 年代，中国一名普通工人的月工资仅仅百余元，大学生的每日生活费也只有一两块钱，而当时小天文望远镜的价格动辄几百甚至上千元，拥有自己的望远镜，几乎是不可能实现的梦想。然而越是这样，我越喜欢收集、研究国内外各种小天文望远镜的资料。资料的来源多种多样，对于国内资料，与厂家的书信联系是最好的方式；对于国外资料，漂亮的广告页、书籍报纸杂志中的介绍文章，都是我收集研究的目标。由于当年日文的资料相对较多，我竟然逐渐能够基本看懂日文的望远镜文章了。久而久之，我收集的资料足足装满了两大书柜。这些资料后来随我辗转多地，大部分竟然保存至今。我在收集资料和收藏望远镜的过程中逐渐发现一些门道，便开始动笔写文，给天文同好们介绍一些新信息。从 20 世纪 80 年代末到 20 世纪 90 年代，随着大家视野的扩展和收入的提高，国产品牌，如南京天仪、晓庄、紫金、中天、华光等；日本品牌，如威信、高桥、日野、宾得等；欧美品牌，如蔡司、A-P、Tele Vue 等，逐渐成为天文爱好者们关注的目标。

我曾与香港一位著名的光学仪器收藏家交流，很赞同他的一个观点：小天文望远镜等民用光学产品并不是说光学素质越好，产品越新，使用感便越好。在第一次世界大战之前，小天文望远镜价格高昂、用料扎实、做工精美，一直以来都是古典仪器收藏领域的热门品种，但是受限于当年的技术，光学表现平平。到了 20 世纪五六十年代，人们虽然保持着匠心去制作镜子，但是受第二次世界大战后经济恢复期的条件限制，加之新旧技术交替，不少工艺尚不成熟，总有不少遗憾留在当时的产品，哪怕是顶级的产品之中。20 世纪 80 年代末，光机电的技术虽然发展完善，人们却难以匠心去造镜。因此，光学质量与用料和做工相平衡的顶峰，便是 20 世纪 70 年代到 20 世纪 80 年代中期这段时间。这虽然是一家之言，但从实际情况来看，确实如此。

今天的小天文望远镜已经步入了自动化和智能化的新时代，性能强大、使用方便、价格便宜。可是在爱好者眼里，现代的小天文望远镜也逐渐从工艺品，甚至是奢侈品，逐渐退化为工业品和消费品。不过，爱好者在"玩镜"的同时，也应多了解其发展，在"求新"的过程中，或许也应多回溯下过去。张超同好与我相识已久，曾做过我的实习学生，也是我如今的同事。20年前，我们就一起讨论过很多与天文观测和望远镜相关的话题，他也喜欢探究关于这些话题的历史资料。去年，张超找到我，说是写了一本关于小天文望远镜发展历程的书，其实这也是我多年的愿望，只因工作忙碌而无法实现。在他撰写的过程中，我们也讨论过多次，这本书今天终于呈现在大家面前。这是中国第一本专门讲述小天文望远镜发展历程的书籍，即便放眼世界，这类作品也不多见。希望这本书的出版，能为爱好者提供一个欣赏望远镜的新维度。

以镜观天，恋其星，爱其器，对星空与器材的双重热爱，对于天文爱好者来说，将会获得双重的乐趣和惊喜。

姜晓军

序 2 / 迷人的小天文望远镜

如果你购买本书，是想了解一下天文望远镜的发展史，感受一下巨型专业天文望远镜的神奇，再畅想一下未来空间和地基望远镜的发展，或者作为一名天文爱好者，你想找一本书给自己科普一下望远镜的分类和使用，那你就打错算盘了。本书故事的主角，既非专业研究所用的天文望远镜，也非科普天文望远镜，而是小天文望远镜。

自然之所以美丽，不仅是因其大而壮阔，还因其小而精巧。每一个爱好者群体都会有其情有独钟的精致的"小美"。在天文爱好者这个庞大的群体中，精致的"小美"为数不少，其中之一便是专供爱好者使用的小天文望远镜。小天文望远镜在众多民用光学设备中小众而特殊。我们日常能接触到的望远镜类产品有很多：如双筒望远镜，一般是多用途设计，适合手持野外低倍使用；再比如观鸟镜，这是一种鸟类观察专用的特殊设备，采用了轻便、耐用、正像的设计；还有观靶镜，针对射击运动要求采用了正像、大视野的设计。天文望远镜自然是专门为天文观测而设计的。

然而对小天文望远镜来说，天文观测并非其唯一的功能，使用者可能喜欢目视观察，也可能喜欢拍照片。目视观察者对观测目标也有所区分，究竟是观测行星，还是观测星云和星系？或者想描绘太阳？摄影者则会有不同的拍摄目标。这就使得小天文望远镜出现了复杂的分化。如果一个入门爱好者向我询问，应该买什么样的天文望远镜？我会回答，应该先根据自身条件和自己的爱好特点选取观测的目标和方式，而后再决定购买什么样的天文望远镜，这样选起来才有针对性。

我倾向称天文爱好者及业余天文学家使用的设备为小天文望远镜，而非业余天文望远镜。"业余"一词常给人们很多误解。有些人对天文是发自内心的喜爱，而不把它当作谋生的职业，英文称他们为"Amateur astronomer"，本身是"爱天文者"的意思。因此，他们使用的设备，并不能说不专业，在某一个维度上来说反而是非常专业——目视使用的设备就专门针对目视进行优化，摄影使用的设备就对摄影进行优化，再根据观测目标进行深度优化，只是这些设备不为职业天文学家所用罢了。

从历史的演化角度看，小天文望远镜与专业天文望远镜一同诞生，但沿着两个不同的方向发展。17 世纪早期，小天文望远镜简单而粗糙，后来逐渐变得精致，甚至优雅，由于它们多用黄铜材质、金色外漆，外观看起来金光灿灿，所以我们将 17 世纪早期至 20 世纪初称为金色时代。20 世纪后，随着天文爱好者队伍的爆炸式发展，小天文望远镜逐渐进入灰白时代，也逐渐沾染了机械仪器的味道。但不久之后，小天文望远镜中有一部分成为大众消费品，并且形成了新的审美，小天文望远镜迈入了彩色时代。在使用者眼中，小天文望远镜属于光学仪器，新设备的效果比老旧设备好。但对于收藏者来说，情况则不然。

历经数百年发展，小天文望远镜领域积淀的历史和独有文化让人沉迷，其中有两个最值得关注的收藏时代，一个是金色时代，那是古仪器收藏者的天下；另一个是灰白时代晚期到彩色时代早期，也就是 20 世纪 70 年代到 20 世纪 80 年代初期，这个时期的设备光学设计成熟，工艺精湛，做工堪称优雅至极。即便是现在的新锐天文爱好者，在使用了当时的设备之后，也会慨叹那种神奇的享受——私人观测，绝不仅仅是目视的享受，而应该是错综复杂的、各种感官享受的交汇。因此，本书的主要章节将围绕 20 世纪 50 年代到 20 世纪 90 年代小天文望远镜的发展展开叙述，而对更早的小天文望远镜只做简单介绍。

至于 21 世纪的小天文望远镜发展如何，本书暂且无法将其清晰论述。在 20 世纪 90 年代末到 21 世纪初的几年内，小天文望远镜界发生了几件大事，一是日本的高端光学厂纷纷撤出这一领域，让众多爱好者惋惜不已。二是美国市场份额最大的两家天文望远镜厂商——星特朗、米德先后被中国企业收购，中国制造的天文望远镜成为世界主流。三是中国自主品牌快速发展，市场在多元化的同时也出现了混乱。若说现今世界的小天文望远镜文化从欧洲起步，在美国和日本兴盛，那么下一次大发展，或许就是在五到十年，或者二三十年后的中国。而这段发展还是要留到以后去书写。

张超

目 录

第1章 金色时代

第2章 灰白时代

第3章 彩色时代

第4章 新的序幕

第 1 章

金色时代

1.1 优雅的回忆

说金色时代的小天文望远镜为收藏界的新宠，其实一点都不为过。古典的科学仪器，从颜值上可以秒杀如今的大多数实验装置，加上其稀有程度，拍卖会上动辄几十万的身价，也不会让大众感到不可理喻。虽说中国科学仪器收藏已经有了至少二三十年的传统，但到本书落笔时为止，依然是一个极其小众的领域，且收藏品以数量较多的相机类和显微镜类为主，而对于古典小天文望远镜这个品类，涉足的人屈指可数。除了故宫博物院、北京天文馆以及其他一些天文、海洋类博物馆，收藏者寥寥。

不过，喜欢这个的领域的人是真的喜欢。举几个例子，一位知名收藏家参与国内外各类拍卖会若干，凡是入眼的望远镜绝不放过，一日给我发来一图，图为一小型中星仪，独缺目镜。中星仪比普通望远镜罕见不少，按说不该放过，但目镜的缺憾又让人心里难受，思来想去，这位收藏家高价拍下此镜，之后，配目镜就成了他的一桩心事。另一位爱好者在北京天文馆工作，至今没有收藏一台古典天文望远镜，却收集了大量资料。还有一位天文台的老师，对蔡司望远镜情有独钟。在20世纪90年代，他去天津逛"洋货市场"，发现一个木盒里装有蔡司显微镜的莱茵伯格照明配件，而木盒上刻有蔡司标志和进口洋行的名号，自然喜欢得不得了，这一单花去了他当时一个月的工资。买下木盒那天，他抱着木盒赏玩了一整日，令同行朋友颇为不解。

小天文望远镜经历的第一个时代，璀璨夺目。在这个时代，你会看到闪耀的黄金和白银、精湛的黄铜加工工艺和木加工工艺，甚至珠宝加工工艺。每一件金色时代的作品，都堪称科学与艺术的完美结合。当你看完本书后面的内容，或许会感同身受。

折射式与反射式之战

1608年，荷兰人汉斯用水晶造出了第一台望远镜，仅仅一年多之后，伽利略就通过对望远镜的改装，完成了它的一大步进化——天文望远镜出现了。伽利略使用的望远镜非常娇小，这是受当时工艺限制的结果。但我们不能否认，他使用的是一台"天文望远镜"。伽利略用它发现了月球上的撞击坑，发现了木星的四颗卫星，发现了银河实际上是由众多暗弱恒星组成，也发现了土星形状诡异。当时，伽利略对土星的发现并不确定，纠结之下将这一发现写成一段"密语"——smaismrmielmepoetaleumibuvnenugttaviras，让他人猜度。后来，当他进一步确认后，才将谜底公布出来：土星由 3 个星组成，一大两小。这显然不是如今我们熟知的那个以拥有漂亮光环著称的土星。伽利略的问题在于，他的望远镜口径还不够大，光学质量还不够好。于是在之后的几十年中，新的天文发现通常伴随着望远镜技术的提高。

伽利略制作出第一台折射式天文望远镜是在 1609 年，牛顿制作出第一台反射式天文望远镜是在 1668 年。两个人采用了两种截然不同的光学手段，都实现了用望远镜进行天文观测的功能。伽利略使用的是透镜组，制作出的设备被称为折射式天文望远镜。牛顿使用的是抛光镀银后的凹面镜，制作出的设备被称为反射式天文望远镜。两种望远镜孰优孰劣？牛顿认为，折射式天文望远镜由于使用了透镜，透镜引起的色差问题是其本身属性，是解决不了的。不过反射式天文望远镜也有其自身的问题，它是一个球形凹面，而球形凹面镜是没有焦点的。之后，折射式与反射式这两种天文望远镜的"战役"悄然拉开序幕。

1655 年，也就是折射式天文望远镜出现的 40 多年后，惠更斯让折射式天文望远镜有了新发展。为了减弱色差，他使用了非常长的焦距，这也使得他制作的天文望远镜造型古怪——有一个竖杆，顶端放置望远镜的物镜，用一根绳子来控制物镜的指向，然后在绳子的另一端安装目镜。惠更斯在目镜制作上也下了很大功夫，他后来设计的惠更斯目镜如今依然被人们使用。惠更斯的努力没有白费，他看清了土星的光环，并且发现了土卫六"泰坦"，他在公布新发现时也采用了"密语"：aaaaaaa ccccc d eeeee g h iiiiiii llll mm nnnnnnnnn oooo pp q rr s ttttt uuuuu。这句话解密并翻译过来就是：有环环绕，环薄而平，没有一处与本体相连，而与黄道斜交。

其实在牛顿前后，并不乏反射式天文望远镜的设计者，卡塞格林便是其中之一。由于用的是凹面反射镜，反射式天文望远镜的焦点会在镜筒之中，没有办法用于目视。牛顿的办法是使用一片平面镜将光路引到镜筒一侧，而卡塞格林则在镜筒之中加入了一枚带有曲率的反射镜，这样一来，望远镜中就有了两片反射镜，分别称为"主镜"和"副镜"。光线在镜筒中经历两次反射，再通过主镜上开的小孔，抵达位于望远镜后端的目镜。这样的改变更符合一般人使用望远镜的习惯。然而，卡塞格林的设计影响并不仅限于此，因为两片带有曲率的反射镜可以产生组合，从而优化望远镜的成像质量。但纵观 17 世纪，反射式天文望远镜并未占据上风。

接近 18 世纪中叶的那几年，折射式天文望远镜开始新一轮的发展。这是由于两片消色差物镜的出现。一片透镜只能屈服于色差带来的限制，在 17 世纪，人们只能通过加长物镜焦距，从而把焦比增大，进而降低色差，这样的后果就是焦距极长，观察视野昏暗。惠更斯的折射式天文望远镜长达 37m，却并非当时之最。人们利用两片不同材质的玻璃进行组合，消除红色和蓝色的色差，吹响了折射式天文望远镜反击的号角，到了 18 世纪中后期，复消色差物镜也发展起来，可以消除红绿蓝 3 色色差，至此，折射式天文望远镜与反射式天文望远镜重新回到同一起跑线。

在天文望远镜发展的早期，人们并没有刻意区分天文望远镜和非天文望远镜，也没有刻意区分专业天文望远镜与小天文望远镜，毕竟，伽利略、牛顿这些人用的也只是小口径望远镜。到了 18 世纪，望远镜制造商才开始多了起来。

华山论剑

在 17 世纪，惠更斯制造的望远镜在市场上具有垄断地位，这得益于他关于土星系统的发现，惠更斯兄弟一直声称，他们所制作的望远镜是当时最好的。当时，惠更斯正在爬上事业的巅峰，他用自己的第一个作品——1655 年的 5.7cm 口径、约 3.7m 焦距的折射式天文望远镜发现了土星卫星之后，1656 年，惠更斯建造了一台更大的悬空式望远镜，口径为 10.5cm、焦距长达 7m。几年后，著名的惠更斯目镜被制造出来，并安装在这台望远镜上。这些工作完成之后，惠更斯的目视倍率达到了 120 倍，也获得了一些重要发现，这其中包括了火星的极冠，以及那个后来被称为"大流沙"或者"大沙漏"的三角形暗色区域。

但并不是所有的同行都对惠更斯服气，比如当时的天文学家赫维留就对惠更斯颇为不服，还有一位竞争者对他更加不服，那就是望远镜制作师迪维尼。迪维尼曾师从多位大家，其中之一便是意大利物理学家托里拆利。在学习了数学和天文学之后，迪维尼又学习了钟表修理、镜片磨制等技法，逐渐成为制镜大师，同时也成了一名业余天文观测者。但在对土星环的解释上，他与惠更斯意见相左，而惠更斯在当时代表了望远镜的极致，这就打击了迪维尼的士气。对迪维尼来说，前有堵截，后有追兵，当时还有另外一名制镜大师，名为坎帕尼。坎帕尼比迪维尼小 25 岁，而且还有两个精通钟表制造的哥哥，兄弟三人通力合作，也足够迪维尼"喝上一壶"。

1663 年到 1665 年的一次天文望远镜制造的巅峰对决，我们如

今看来依然心潮澎湃：意大利佛罗伦萨，在卡西尼、红衣主教和
其他多位专家的评判下，迪维尼和坎帕尼的望远镜经过多次夜晚
实际观测的对比，依然难分伯仲，二人各展绝技，更新着自己望
远镜的结构。随后坎帕尼悄悄弄坏迪维尼的望远镜，并向红衣主
教赠送望远镜以求获胜，迪维尼对此并不知情。比赛的结果是坎
帕尼胜出，不过二者都从中获得不少益处，因为经过这场比赛，
二人拿到的订单大增。最终还是坎帕尼运气更好，因为他与卡西
尼搭档，有了不少天文发现。

优雅的艺术品

　　冉斯登目镜是天文望远镜经常会遇到的一种目镜结构，在小
天文望远镜发展史上，冉斯登可以称得上是一位"艺术家"，他
设计制作的设备，不但结构精巧，而且造型美观，让人爱不释手。
如果我们把小天文望远镜在 20 世纪初之前的发展称为黄金时期，
那么冉斯登所在的 18 世纪中期，可以称得上是黄金时期的"古典
艺术时代"。1758 年，只有 20 多岁的冉斯登来到伦敦，成为当时
著名数学仪器制造商波顿的学徒，仅仅 4 年之后，他就自立门户，
并很快获得了一位女士的芳心。这位女士名为莎拉·多伦德，她是

当时光学仪器世家多伦德家族的成员。18世纪前期，英国有几大家族共享光学仪器制作这个领域，分别是布朗宁家族、多伦德家族、肖特家族、斯潘塞家族等。老多伦德是一个杰出的光学设计师，他是消色差物镜最早的发明者之一，在18世纪50年代赫赫有名。虎父无犬子，老多伦德的几个儿子也很出色，其中皮特·多伦德早有了自己的光学企业，而小儿子约翰·多伦德则醉心于光学技术研究。老多伦德的宝贝女儿莎拉嫁给了冉斯登，于是冉斯登也成了多伦德家族的一员。冉斯登在仪器制造上天赋异禀，有着完美主义的倾向，他制作的六分仪、经纬仪都堪称后世典范，但是他苛求完美，干活儿一拖再拖，这也惹恼了不少客户。在天文望远镜方面，他做出的赤道仪天文望远镜精美绝伦，后来有著作称赞其望远镜，并使用了"优雅"一词。1774年，冉斯登做出了机械式的跟踪赤道仪天文望远镜，它有一个类似钟表的结构，这就是后来的转仪钟赤道仪。如今，在光学设计领域中人们熟知的冉斯登目镜，只是他的众多发明之一。

从始而终

在20世纪早期的天文望远镜物镜设计中，有几种设计颇为经

典，包括蔡司的四片三组天塞式（Tessar）、罗斯的四片对称式
（Astro）、皮兹瓦尔的四片对称式（Pitzva）、库克的三片分离式
（Cooke）。其中的分离式来自一个始建于 19 世纪早期的望远镜
老厂。18 世纪的小天文望远镜几乎被英国制造商掌控，到了 19 世
纪初期，这个情况发生了变化，英国和法国分别有自己的制造者，
他们相互合作，也相互竞争。

　　托马斯·库克的望远镜业务开始于 1837 年，早期，他专注于
一些小型望远镜的生产，并和他的儿子们一起组建了库克家族公司，
一直维系到 1913 年。后来，他们与望远镜制作者中最为铁杆的一
组伙伴开始了合作，这对伙伴就是特劳顿和西姆斯。西姆斯家族
的匠人精神一脉相承，老西姆斯是 18 世纪末的一位金银匠，也是
罗盘仪表类的制作者，威廉·西姆斯则是天文航海仪器和数学仪
器的制作者。1826 年，威廉·西姆斯与爱德华·特劳顿共同创办
了特劳顿和西姆斯制造厂。这个公司以生产应用类光学仪器见长，
在天文仪器方面，他们设计制造了独特的中星仪，这是一种特殊
的专业天文望远镜，用于测量恒星过观测站子午圈的时刻，中国
香港天文台早期使用的中星仪就来自该厂。相比之下，给天文爱
好者制作的小天文望远镜并非该厂主力产品。另外在工程应用方
面，他们生产的经纬仪享誉世界。1907 年 2 月 21 日，中国著名铁

冉斯登
叉臂式赤道仪天文望远镜

特劳顿
便携式赤道仪天文望远镜

亚当斯
便携式赤道仪天文望远镜
1785

奈尔恩-勃朗特
便携式赤道仪天文望远镜
1780

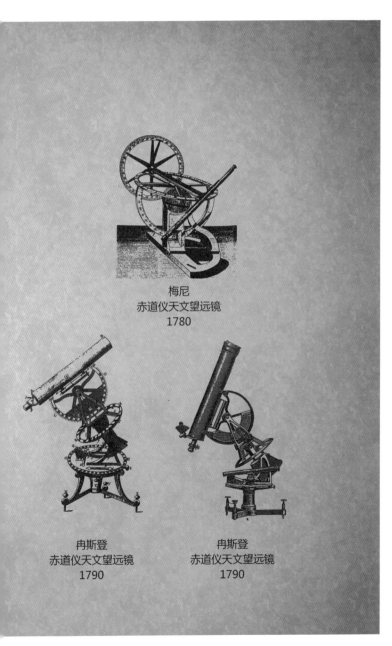

梅尼
赤道仪天文望远镜
1780

冉斯登
赤道仪天文望远镜
1790

冉斯登
赤道仪天文望远镜
1790

18世纪的便携式赤道仪天文望远镜　图片来源：*The Irish Astronomical Journal*

路专家詹天佑写信给伦敦的特劳顿和西姆斯制造厂，购买用于京张铁路的测量仪器，所选如下所列：

1. 5 英寸（127mm）测量经纬仪——31 英镑。

2. 最优质便携式皮箱——2 英镑 5 先令。

3. 附加经纬仪用读数放大镜。

4. 附加十字线玻璃片，上刻有视距线。

5. 6 英寸（152mm）特劳顿、西姆斯水准仪——15 英镑。

6. 最佳便携式皮箱——1 英镑 17 先令 6 便士。

7. 附加水准仪用十字线玻璃片。

注意：上述仪器、三脚架、皮箱均须印有 T.Y.Jeme 字样。

直至特劳顿和西姆斯两位创始者去世，该厂依然保持着联合关系。1922 年之后，库克的加入才将其改变为"库克、特劳顿和西姆斯"。又过了 10 多年，库克的天文仪器生产业务实际上转向了另一家企业，格鲁布和帕森公司，到此时，特劳顿和西姆斯不再出现。

白银镜面

在小天文望远镜的发展过程中，有些年份似乎过得极其缓慢，因为那段时间发生了很多事情，所以当我们回顾这段历史时，仿佛时间停滞了一样。1668 年牛顿反射式天文望远镜被发明之后，反射式天文望远镜并未在小天文望远镜中占据着上风，这种天文望远镜有其自身的缺陷。我们研究了折射式天文望远镜和反射式天文望远镜的光路后，就会发现一个问题。光线穿过折射式天文望远镜的透镜时，先从空气进入玻璃，再从玻璃进入空气，透镜与空气有两个交界面，因此光线通过两个交界面，每个交界面只穿过一次。反射镜面则不然，光线抵达反射面然后发生反射，实际光线经过这个交界面两次。这意味着如果要达到同样的精度效果，那么反射式天文望远镜的镜面精度，要达到折射式天文望远镜的镜面精度的两倍才行。这就使反射式天文望远镜对磨制有更高的要求。早期，无论是牛顿，还是卡塞格林，制作反射镜面都采用金属材质进行抛光，但金属并不是一个很好的选择，它沉重、昂贵、精度低，而且最大的问题是金属自身的热膨胀系数高，也就是说，随着环境温度的改变，镜面会发生变形。这种问题在越大口径的望远镜中就越发严重。

这个问题在 1855 年发生了变化。1855 年，法国巴黎天文台的物理学家傅科正一筹莫展，他的上司、鼎鼎大名的天文学家勒威耶（预测过海王星的存在）给他布置了一个任务，制作一枚 737mm 口径的消色差物镜。但是，傅科没能完成这个任务，因为他没有合适的准直器进行检验。傅科准备做一个反射镜面的准直

塔利格里高利式天文望远镜　　西姆斯赤道仪折射式天文望远镜

瓦尔利折射式天文望远镜　　西姆斯折射式天文望远镜

赫歇尔反射式天文望远镜

多伦德地平式天文望远镜　　塔利反射式天文望远镜

19 世纪的各种小天文望远镜　图片来源：*The Irish Astronomical Journal*

器，他一开始准备采用金属镜面，但在 20 年前，化学家已经知道了硝酸银的银镜反应，傅科决定利用银镜反应制作反射镜面。他用玻璃作为基质，并在 6 个月后获得了成功，他还把一块成品玻璃反射镜送给了约翰·赫歇尔。1857 年，傅科的这一成果轰动了天文学界，对于他们来说，没有什么是比这个更棒的事情了——反射镜面将变得精度更高、重量更轻、成本更廉价，甚至对光线的收集能力也会提高，这对天文观测意义重大。正当天文学家们兴奋异常时，傅科却在琢磨另一件事。

这个专利，能不能挣钱呢？很快，傅科找到了合作者——法国塞克雷坦，后者是当时的一个精密仪器加工生产商。傅科和塞克雷坦一拍即合，于 1857 年开始制作小型反射式天文望远镜。在他们看来，专业望远镜的生产很重要，但小天文望远镜更有市场，因为当时欧洲已经有了为数不少的天文爱好者，甚至是独立天文家。1858 年，傅科和塞克雷坦推出了两款反射式天文望远镜，分别是 90mm 口径、焦距 500mm，180mm 口径、焦距 1500mm。根据当年的广告，其中小口径的这款天文望远镜售价为 250 法郎，大口径的天文望远镜则需要 1500 法郎，这个售价在当时算是相当便宜的，因为一台 95mm 口径的折射式天文望远镜在当时需要 600法郎。另外，我们还可以参考下傅科的年薪，傅科的年薪在当时算得上丰厚，约有 5000 法郎。

长方体镜身和八棱柱镜身

图片来源：*Journal of Astronomical History and Heritage*

　　傅科和塞克雷坦制作的早期反射式天文望远镜，从外形上看更像一个家具。其镜身，包括支架系统，大部分采用的是木质结构，它的镜筒同样也是木质的，90mm 口径的那一款实际上是桌面望远镜，主镜是长方体，支架是简易的可调节结构，寻星镜部分和目镜端采用了黄铜，颜色是金色的，特别是目镜端，采用了与显微镜类似的结构，或者这其实就是显微镜目镜端的一部分，如果拆下来安装上显微物镜，一样可以用来观察苍蝇的翅膀。后来，他们生产的望远镜结构几经变化，先是出现了八棱柱镜身的望远镜，之后又开始生产铜质镜身的设备，甚至做出了非球面的主镜镜面。傅科一方面享受着来自公司的分成，一方面也有些苦恼，

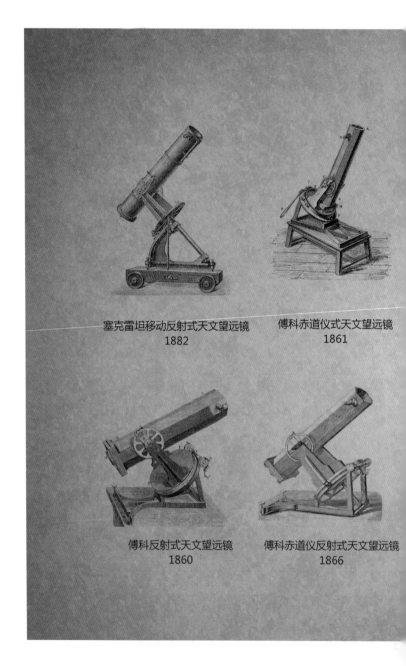

塞克雷坦移动反射式天文望远镜
1882

傅科赤道仪式天文望远镜
1861

傅科反射式天文望远镜
1860

傅科赤道仪反射式天文望远镜
1866

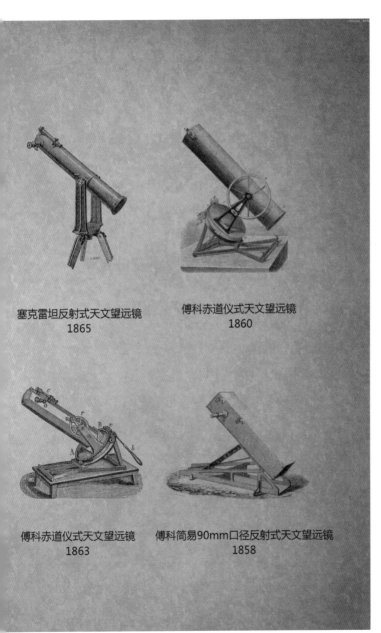

塞克雷坦反射式天文望远镜
1865

傅科赤道仪式天文望远镜
1860

傅科赤道仪式天文望远镜
1863

傅科简易90mm口径反射式天文望远镜
1858

傅科、塞克雷坦的小型反射式天文望远镜　图片来源：*Journal of Astronomical History and Heritage*

因为巴黎天文台的勒威耶先生，想要开掉他。

至尊家族——克拉克的小天文望远镜

目前，世界上依然有为数不少的科学仪器爱好者，他们喜欢收集金色时代的各种仪器，这些仪器从做工到年代，从作者到存世量都很有讲究。在古典小天文望远镜收藏中，美国的克拉克牌望远镜是主流中的热门选择。提起克拉克家族，许多人会想到他们从 19 世纪末到 20 世纪初的那些重磅产品，众多知名大望远镜的制造中都有克拉克家族的身影。不过，本书的主角并非那些专业大型望远镜，在小天文望远镜领域中，克拉克家族的地位也非同寻常。

阿尔文·克拉克是 19 世纪初的一位画家，在历经了多年的绘画工作后，克拉克在不惑之年开始考虑转型，想从画家转型到光学技师。在这个年纪转型，克拉克承受着巨大的压力，他跑到波士顿市政厅门前架起望远镜，招揽公众使用望远镜，借以宣传他的设备是如何精良，另外，他还给很多天文学家写信，推荐自己做的望远镜。他的努力最终有了结果，英国天文学家威廉·道斯发现克拉克的望远镜在分解双星上表现优秀，一口气买下了 5 台克拉克望远镜。

　　老克拉克是如何做到如此优异的制造和调校的呢？有些人认为老克拉克只是单纯依靠经验，也有人认为他不仅经验丰富，数学知识也了得。有人曾回忆起当时老克拉克店中的情景，他忙碌地制作着天文学家们订单上的产品，两个儿子也在学做望远镜。令人想象不到的是，1860 年之后，克拉克家族被一再要求制作超出他们经验范围的设备，也就是那些大型的天文望远镜。1862 年，克拉克父子一起磨制了 47cm 口径的折射镜，因为交货日期推迟，所以他们尝试着调校。当他们对准天狼星时，忽然看到旁边有一个小斑点。老克拉克有些失望，认为这可能是镜头的缺陷，而小克拉克却兴奋异常，因为他知道他们发现了天狼星的伴星——德国天文学家贝塞尔预言过这个事情。

　　虽然有克拉克家族这样强大的对手存在，19 世纪中期到 20 世纪初期，仍然有更多的厂家投入到这一行业中，他们专注于为大众、为天文爱好者们制造精良且耐用的小天文望远镜，他们用最好的材料——黄金、白银、黄铜、木头共同打造这种仪器。贝克、罗斯、布拉谢尔、欧文、曼南、奥特维、施耐德、沃森、华纳，请记住这些品牌吧。谁能想到，在 20 世纪初，这些昔日天文望远镜的"黄金家族"会一下子消失得无影无踪了呢？

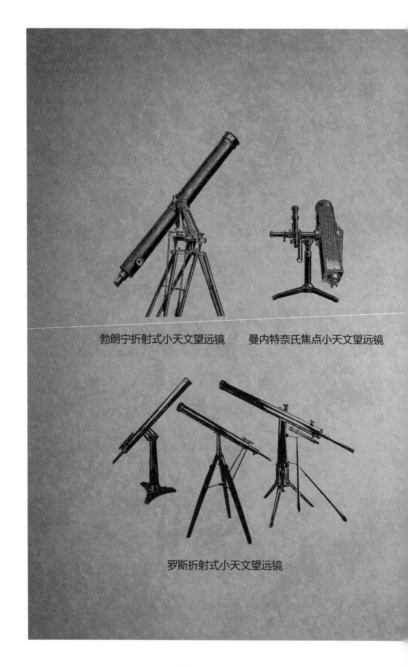

勃朗宁折射式小天文望远镜　　曼内特奈氏焦点小天文望远镜

罗斯折射式小天文望远镜

塞克雷坦折射式小天文望远镜　　布莱恩-拉索特小天文望远镜

曼内特折射式小天文望远镜

19世纪的各种小天文望远镜　　图片来源：*The Irish Astronomical Journal*

1.2　没落的金黄

　　19 世纪是小天文望远镜的"金色时代"，然而，这个时代伴随着战争一同逝去，而在战后蓬勃生长的新型小天文望远镜，则如同夏天的草原，让人眼花缭乱。战争犹如分水岭，将大多数老牌望远镜厂挡在了门外，仅有几个得以幸存。这些望远镜厂的产品在 20 世纪初的几十年中，从光学到机械，从用料到外观设计，都发生了很大变化。金色时代不再，镜身上的金黄色也逐渐消失。不知道这是天文爱好者的失意，还是幸事？

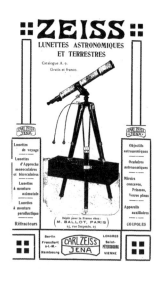

蔡司（英国伦敦）公司售卖的 ASEGUR 型天文望远镜，采用木质支架，以及微动经纬仪微调结构，物镜采用 E 型物镜，当时的售价为 62 英镑
图片来源：蔡司天文望远镜产品宣传页

复消色差（APO）

在德国小镇耶拿，人们建立了一家特殊的博物馆——蔡司光学博物馆，专门陈列德国卡尔·蔡司公司（后文简称蔡司公司或蔡司）所生产的光学仪器。其中有一面墙让人震撼，早期蔡司公司生产的各种望远镜，被整整齐齐、密密麻麻地架在上面，似乎让人看到了数不尽的历史。黄铜、黄金、木纹、皮革，这些早已不用于天文望远镜上的材料，在当时却是平常的配置。当时，人们去购买一台天文望远镜，真正买的是它的精密光学，也就是那几片让人魂牵梦绕的玻璃。

蔡司的 ASTRO 天文望远镜和类似结构的观景镜。坚固的木质
三角形底座成为那个时代使用的蔡司小天文望远镜的典型设计特征
图片来源：蔡司天文望远镜产品宣传页

25

让我们回顾一下那段传奇的历史吧！19世纪中期，卡尔·蔡司一开始只是一个机械工艺师，他所在的魏玛显微镜制造作坊只是当时众多光学产品作坊中的一个。然而凭着精湛的工艺，蔡司的显微镜制造水平在当时已经得到了行业内的认可，但在光学上，显微镜总有难以突破的瓶颈，这是由于早期显微镜物镜的制作依赖于镜片组合的各种尝试，这必须借助数学和物理才能解决。1866年，蔡司聘请了德国耶拿大学的物理学家恩斯特·阿贝作为专家，在潜心研究6年后，他做出的显微镜物镜已经远超同行。蔡司的工艺加上阿贝的理论，他们距离光学巨人只差一步，那就是玻璃的材质。于是在19世纪70年代，第3位巨匠、德国化学家奥托·肖特加入其中，专门从事各种玻璃的研发。1884年，蔡司、阿贝与肖特3人共同创立了"玻璃技术实验室"，继而创立了"耶拿玻璃厂"，开发了各种新型的光学玻璃，这使蔡司的光学地位在当时无可撼动。

在天文望远镜设计中，德国蔡司公司在历史上有着独特的地位。这个地位的奠定主要来自蔡司公司的两个功绩，一个是复消色差物镜的设计，另一个则是独到的望远镜目镜技术。复消色差望远镜又称APO望远镜，APO是英文Apochromatic的缩写，与之相对应的是普通消色差，也就是Achromatic设计。为什么一个望远镜的镜头要用消色差能力来衡量？这是由于折射式天文望远镜有天生的缺陷。正如牛顿利用三棱镜就可以将太阳光分为 7 色，色散是透镜与生俱来的性质，也就是说不同颜色的光在通过透镜时，偏转的角度会不同。当一束白光穿过一枚玻璃透镜，不同颜色的光成像的位置会有些不同，蓝色的光成像更近，红色的光成像更远。如果我们把成像平面固定，就会发现图像周围有外蓝内红的彩色边，这个现象就是色差。正因为色差的存在，折射式天文望远镜的发展一直受限，直到消色差设计的出现，才让折射式天文望远镜重新回到历史舞台。

普通的消色差望远镜是将冕牌玻璃和火石玻璃进行组合，消除了主要的红蓝色差，但依然有其他颜色的残余色差存在。残余色差对高倍天文观测有很大影响，因为这将直接限制望远镜的分辨本领。消色差设计从 18 世纪中期发明以后，到 19 世纪末已经有了一些稳定的设计类型，如夫琅禾费的设计、克拉克的设计、斯坦希尔的设计等。基于消色差设计，18 世纪 60 年代进化产生的复消色差设计消除了红绿蓝 3 色的色差。蔡司公司正是在 19 世纪末到 20 世纪初，制造出了一系列天文望远镜专用的消色差和复消色差镜头。

Zu Fig. 10

1 Pyramidenstativ
2 Fußschraube mit Feststell-
  mutter
3 Fußrolle
4 Hochstellvorrichtung durch
  Zahnstange und Vorgelege
5 Klemmung der Hochstell-
  vorrichtung
7 Horizontalfeinbewegung
  durch Schneckenrad mit aus-
  lösbarer Schnecke zur Grob-
  verstellung in Azimut
8 Höhenfeinbewegung durch
  Schneckenrad mit auslösbarer
  Schnecke zur Grobverstellung
  in Höhe
9 Feststellschraube für die
  Höhenfeinbewegung
10 Biegsame Welle zur Betätigung
  der Horizontalfeinbewegung
11 Biegsame Welle zur Betätigung
  der Höhenfeinbewegung
12 Fernrohrgabel
13 Scharnierlagerdeckel
14 Fernrohrschelle
15 Fernrohr
16 Taukappe
17 Okularauszug mit Zahn-
  stangengetriebe
18 Klemmung des Okularaus-
  zuges
19 Balanziergewicht
20 Wechselvorrichtung
22 Sucher
23 Dreifacher Revolver
25 Objektivdeckel
26 Objektivsonnenblende
27 Aufbewahrungskasten für
  sämtliche Fernrohrteile
28 Schutzhülle für die Hochstell-
  vorrichtung und die Fernrohr-
  gabel
29 Anweisung über die Instand-
  haltung des Fernrohrs
32 Zenitprisma
33 Sonnenprisma nach Herschel
34 Astro-Okulare
35 Sonnen- und Mondglas
36 Objektivdeckel zum Sucher

Fig. 10

110 mm Azimutale Fernrohre
Nr. 19—24

当时的蔡司小天文望远镜具有工程仪器的味道，这架口径110mm的地平式天文望远镜的结构要比如今类似的望远镜复杂很多，仅以支撑部分为例，就有三点水平调节、柔性方位角高度角微动调节的装置

图片来源：蔡司天文望远镜说明书

B 型物镜

在蔡司公司生产的小天文望远镜中，最早出现的是 A 型物镜和 E 型物镜两个系列。E 型物镜系列（下文简称为 E 系列）是蔡司为天文爱好者生产的第一个系列，在 19 世纪末就开始售卖。E 系列是一个入门的低端系列，没有用到特殊的光学玻璃，也没有采用特殊设计。E 系列早期使用的是夫琅禾费的消色差结构，一种两片玻璃的分离式组合，我们对采用这种结构的望远镜在成像上不能有过高要求，E 系列口径从 60mm 到 200mm 不等，大多数焦比在 F/10 到 F/12 之间，大口径设备的焦比可以到 F/16，E 系列到第二次世界大战后就没有再延续。相比之下，A 型物镜寿命很长，后来的蔡司 Telementor 望远镜，也可以看作是 A 型物镜的后续产品。A 型物镜的口径为 63mm，焦距为 1050mm，焦比为 F/16.7，这是一种两片式半复消色差的设计（Semi-APO），它的消色差能力比低端的 E 型物镜更好，但还没有到完全复消色差的程度。后来 A 型物镜被改良为 AS 物镜，也就是后来蔡司生产一些便携式天文望远镜的主力物镜，其中 63mm 口径的这款被称为学生和天文爱好者们的专用镜（Schul-und-Amateur Fernrohr），但实际上，后者的消色差能力并没有提高。在蔡司早期的小天文望远镜中，最有名的是 B 型物镜。现在有些人还将其视为第一款给天文爱好者设计制作的复消色差望远镜。B 型物镜最早出现在 1902—1903

年的产品目录中，这是一个三片式设计，其口径约为 60mm，焦比在 $F/11$ 到 $F/19$ 之间，由于较长焦距时，消色差会更加容易，所以通常认为长焦距的 B 型物镜已经达到了完全复消色差的水平。

很多天文学家以寻找彗星为乐，这也是一件很有前途的差事。发现新的彗星可以永载史册，也可以得到相应的奖赏，历史上以寻找彗星谋生的天文学家不在少数。在早期蔡司公司的产品中，还有一个独特的短焦天文望远镜系列，该系列的望远镜口径小、焦比更明亮。第二次世界大战后，这个系列发展出双胶合消色差设计的 C50/540、C63/840，以及双分离消色差设计的 C80/500 和 C110/750 这 4 种望远镜，这些望远镜是专门为寻找彗星而设计的，被称为寻彗镜（Kometensucher）。相比于一般的天文望远镜，寻彗镜具有较短的焦距和较大的视野，以此来提高寻彗的效率。其中 C63/840 的物镜与后来蔡司 Telementor 大师望远镜几乎一样，成为使用最多的蔡司天文物镜。

金色镜身

20 世纪初，黄铜金色镜身逐渐被取代，虽然镜筒还是黄铜材质，但已经不那么金光闪闪了，镜身通常被漆成黑色，只有旋钮部分还保留了金色，这个时代是金色时代的尾巴。与蔡司望远镜同时代的，还有一家 Tinsley[①]公司，专门生产望远镜。有资料表明，在两次世界大战期间，全世界只有一家新望远镜厂出现，那就是Tinsley。Tinsley 是美国西部最大的光学厂之一，该公司在 1930—1940 年推出了 13cm 折射镜、20cm 赤道仪卡塞格林反射镜这两款旗舰产品。这两款产品的镜身颜色都是浅浅的豆色，镜头部分、镜座部分、旋钮部分采用金色的黄铜，赤道仪的表盘部分也是黄铜，综合来说，这两款产品的镜身已经进入前彩色时代，但依然保留了很多金色时代铜制的金色部件。

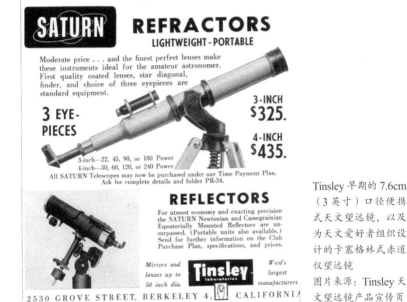

Tinsley 早期的 7.6cm（3 英寸）口径便携式天文望远镜，以及为天文爱好者组织设计的卡塞格林式赤道仪望远镜

图片来源：Tinsley 天文望远镜产品宣传页

① 本书中提及的望远镜品牌及厂商，除蔡司、徕卡等中国读者非常熟悉的品牌译为中文，其余保留英文。——编注

金色时代中另一家著名的工厂是法国的 KOSMOS 望远镜厂。1822 年，KOSMOS 这个品牌首先在出版业中出现，品牌创始人为约翰·弗里德里希·弗兰克和弗里德里希·戈特罗布·弗兰克，发迹地为德国斯图加特。KOSMOS 最开始只是纯粹做些文字出版工作，并且维持这个状态数十年之久。1893 年，KOSMOS 的创始人相继离世，这家出版社被转手至尤卡·内曼和霍夫哈特·沃尔瑟·凯勒门下。时间已经到了世纪之交，在那个年代，已经有大量公众开始对现代科学感兴趣，于是新掌门人决定创办杂志，专门做科普，杂志的口号便是"大众的科学"。事实上，这个杂志因为找到了一块新领域，运营得很成功。1920 年，该杂志开启了另一项业务，经营科学教育器材，在德语中，"Kosmos Lehrmittel"可以理解为天文教育的意思，由此可知这个品牌的望远镜究竟因何而来。最初，本着天文教育的理念，KOSMOS 推出的是组装式天文望远镜，叫作 A 型。A 型天文望远镜口径为 61mm，因此也被称为 61 型。后来，KOSMOS 又推出了 C 型，口径为 68mm。虽然是教学望远镜，但做工非常精良。正如金色时代末期的望远镜那样，这两架望远镜的关键部件依然是黄铜金色，而且赤道仪、支架部分有很多可调节部分，精密而结实。

1927 年，A 型天文望远镜的售价为 340 德国马克。后来，KOSMOS 又推出更普及的望远镜，50mm 口径、1000mm 焦距

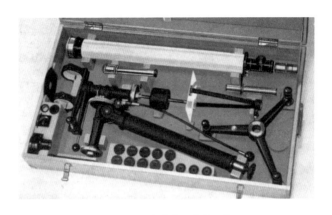

KOSMOS 组装式天文望远镜
图片来源：Die Franckh'sche Verlagshandlung Stuttgart
Abteilung KOSMOS - Lehrmittel

的 KOSMOS 望远镜在 1954 年售价仅为 34.9 德国马克。如此低价的望远镜在当时可以说是一个传奇。KOSMOS 在光学部分有很强的靠山，那就是德国传统光学名厂梅兹。如今，在慕尼黑附近，有一家专门从事天文光学生产的厂家，正是梅兹光学厂的后继部门。

KOSMOS 有着丰富的望远镜型号，除了早期的 A 型，另一广为人知的要算是配有精致赤道仪的 68mm 口径的 C 型。早期的 C 型黑白相间，关键部分为金色；后期的 C 型颜色青蓝，依然保留了部分金色。20 世纪 60 年代之后，由于新一轮天文热潮到来，KOSMOS 推出了新系列，样式也发生了改变，比如猎户座系列，还有 Astro-Fibel 的偏轴设计系列。20 世纪六七十年代，KOSMOS 发展良好，设计独具一格。20 世纪 70 年代后，KOSMOS 引入了美国流行的施密特 - 卡塞格林望远镜设计，也制作了两款 20cm 口径的折反射望远镜。不过，时代已经改变。在历经了 60 年的天文望远镜业务之后，20 世纪 80 年代初，KOSMOS 被出售。

Kosmos-Fernrohr
Modell C

Parallaktisches Achsensystem für beliebige Polhöhe
Feinbewegungen in Rektaszension und Deklination
Aufsuchungskreise in Deklination und Stunde
Höhe bis zur horizontal gestellten Wiege etwa 80cm

Objektiv-Oeffnung 68 mm
Vergrößerung 36-, 72-, 144fach

Objektiv-Oeffnung 81 mm
Vergrößerung 65-, 90-, 145-, 260fach.

Modell A (Schulfernrohr)

in Aufbewahrungskasten
Parallaktisches Achsensystem
Aufsuchungskreise in Deklination und Stunde
Höhe bis zur horizontal getstellten Wiege 70 cm.
Objektiv - Oeffnung 61 mm
Vergrößerung 40-, 89-, 120fach

Ergänzungen: Terrestrisches Okular, Sucherfern-
rohr, Okular-Revolver, Sternspektroskop, Zenith-
prisma, Sonnen-Projektionsschirm, binokulares
Okular, Astrophotographische Kamera,
Protuberanzen-Spektroskop

Ausführliche Prospekte über astronomische Instrumente kostenfrei

KOSMOS 的 A 型望远镜和 C 型望远镜宣传页
图片来源：Die Franckh'sche Verlagshandlung Stuttgart
Abteilung KOSMOS - Lehrmittel

同样是在 20 世纪 80 年代初，Tinsley 望远镜也没有了踪影，它在 20 世纪 60 年代推出了一些大望远镜，比如著名的 20cm 口径的卡塞格林反射式天体摄星镜，之后就销声匿迹了。Tinsley 并没有倒闭，而是开始专注于光学生产和研发，一些专业大望远镜制造中也依然有 Tinsley 光学的影子。目前国际上最大的下一代空间望远镜——詹姆斯·韦布的制造厂中就有 Tinsley 的名字，国际上很少有业余望远镜厂能生存如此之久，而其长久的生存法则就是做好自己最专业的一环。

1.3　日本天文望远镜的黎明

说起日本东京科学博物馆，很多爱好旅游的人可能并不熟悉，毕竟相对于数量巨大的日本游览景点，一个科学博物馆并不那么吸引人。但是，这个博物馆制作的纪念币却十分有名——最为经典的有两枚，一枚绘有蓝色的闪蝶——一种产自热带，翅膀能够闪光变色的蝴蝶；另一枚则绘有一台有点古典风格的天文望远镜。说它有点古典，是因为这台望远镜既没有金色时代那种华贵之感，也没有现代望远镜的科幻之感，然而，这台望远镜可是该博物馆的镇馆之宝。

这台天文望远镜的制造厂，是现在鼎鼎大名的相机和镜头制造厂尼康，至今，尼康依然拥有庞大的铁杆用户群。不过在100多年前，也就是1920年，尼康并不叫尼康，而是叫日本光学工业株式会社。当时的尼康公司不仅是民用相机厂家，还涉足了医疗、军工、显微镜等领域，天文望远镜也是其中一个门类。现如今，中国的天文爱好者极少使用过尼康生产的天文望远镜，这是因为早在30年前，尼康公司就停止了小天文望远镜的生产与研发，但在日本小天文望远镜历史上，尼康具有举足轻重的地位。

日本小天文望远镜制造业的开端，比很多人预想得更早，可以追溯到20世纪二三十年代，当时有多个品牌进入这一领域，最主要的有3个，日本光学工业株式会社、西村及五藤。对于21世纪的天文爱好者来说，这些名字有些陌生，因为它们都在21世纪前停掉了小天文望远镜的生产线。而在日本，一些老资格的业余天文爱好者喜欢把这3个品牌并列提及，因为它们各具特色且各有故事。但日本自制天文望远镜的开端，并不是这3个品牌，而是另有其"镜"。

岛津制作所和村上式天文望远镜

翻阅史料，我们不难发现，天文望远镜在日本江户时代已经出现，但皆为进口产品，比如德国蔡司、英国奥特维等。进口天文望远镜做工精良，深受日本民众喜爱，但它们的价格实在让人难以接受。日本人何时开始自己制作天文望远镜，目前资料尚未考证清晰，但我们可以给出这个时间的下限，也就是公元 1902 年，日本天文爱好者手里拿到了一份广告——岛津制作所生产的村上式天文望远镜。

村上式天文望远镜的设计者为村上春太郎，该望远镜放大倍率为 84 倍，从说明书中可以看到，这台望远镜的设计主要用于观测月球和行星。由于构造相对简单，其价格也非常便宜。这款天文望远镜实际有甲乙两个型号，甲款价格 30 日元，乙款价格 25 日元。参照 1895 年的物价，1 日元相当于 0.75g 黄金，相当于现在的人民币 200 元左右，所以，当时的二三十日元相当于现在人民币五六千元的价格，若是按现在的标准，如此简单的天文望远镜只应卖几百元。但在当时，拥有天文望远镜是一件非常奢侈的事情。即便如此，这款望远镜也算是相当便宜，要知道当时一台普通的进口望远镜，售价相当于今天人民币五六万元的价格，甚至更高，而岛津制作所的村上式天文望远镜仅仅是其价格的十分之一。可以看出，村上式天文望远镜是一款亲民的爱好者天文望远镜。

岛津制作所并非望远镜专业生产厂家，这家公司成立于 1875 年，以生产科学分析仪器及医疗相关仪器而闻名，这款望远镜出现在 1902 年前后，关于岛津制作所的历史中很少提及这段有关望远镜制作的故事，因为给爱好者制作天文望远镜并不是一个利润很高的买卖。20 世纪中叶后，岛津的天文望远镜就在市场上消失了。

岛津制作所的村上式天文望远镜，与当时的大多
天文望远镜相比，有很多简化，价格也相对亲民
图片来源：国产市販天体望遠鏡の形成について
白川博樹

五藤光学的 2.5cm 望远镜

日本著名天文爱好者杂志《天界》曾经刊载过一张照片：几

个朝气蓬勃的年轻人站在一辆车前，他们的前面摆着许多台小望远镜。这张照片描述的是 20 世纪 80 年代，日本曾开发过的一种移动天文台，其本质是改装了一辆中型客车，在车顶加装圆顶，并安置了一台固定的天文望远镜，以便到各个学校开展天文活动。为了配合这台望远镜，车内还存放了多台小型望远镜，若是拿出来一字排开，也颇为壮观，而这些小望远镜皆为蓝色赤道仪加装折射式小口径望远镜，它们都来自一个日本天文望远镜老品牌——五藤（光学研究所）。

1926 年，五藤以一种奇特的方式进入小天文望远镜领域，那就是极其低廉的价格和极其简单的光学工艺。我曾经收藏过一款小天文望远镜，口径只有 25mm，而且一直没找到其品牌，直至后来得到日本天文望远镜博物馆的资料，才发现这正是五藤在 1926 年制作的一批望远镜。按照五藤官网上的介绍，这批望远镜口径约 25mm，焦距 80mm，对于焦距，我们心存疑虑，因为从镜筒长度看远不止 80mm。这款望远镜的价格在当时看来低得出奇，天文爱好者蜂拥而至，购买此镜，也让五藤好好赚了一笔。有了底气之后，五藤在 1930 年推出了高品质的两片消色差镜头，并制作了一批赤道仪望远镜，最高级的款式还带了有自动跟踪功能的赤道仪，望远镜口径则做到了 150mm，焦距达 2250mm，不过，制作精良之后，其售价也高达 600 日元。

早期的五藤赤道仪折射式天文望远镜
图片来源：早期五藤望远镜产品目录

让五藤名声大噪的还有 1936 年的日全食。在这次日全食中，五藤利用自己的望远镜制造功底架设设备，不但拍到了日全食照片，还拍到了在当时拍摄难度颇高的闪光光谱——在日全食即将发生的几秒内，可以拍到太阳色球层的光谱发射线，这件事轰动了当时日本的教育界，朝日新晚报也报道了此事。后来，日本人根据此事件，拍摄了一部纪录片，名为《黑日》（*BLACK SUN*），五藤的实力由此得到了广泛认可，特别是在教育界，五藤的地位已经无可撼动，于是，五藤的小天文望远镜顺理成章地进入了校园市场。据统计，1950 年，五藤望远镜占领了校园市场 90% 的销售份额。不过从那个时期开始，五藤的另一项业务——天象仪，也逐渐欣欣向荣。

20 世纪 70 年代，五藤曾经有一次大发力，开发出多项两片萤石、三片超低色散的设计，甚至出现了超级复消色差（Super APO）望远镜产品，比高桥 FC 萤石镜系列早了约 10 年。不过，当时是复消色差望远镜萤石材料的萌芽期，因材料的高污染、热处理及内应力问题尚未完全解决，所以良品极低，单价极高。最后，五藤出于成本考虑，还是多以半复消色差（Semi-APO）望远镜进行量产售卖。20 世纪 90 年代，五藤终止了小天文望远镜的生产，因为望远镜的利润实在不如天象仪高。

尼康的德国制造

20 世纪二三十年代被称为日本小天文望远镜的第一个黎明时代。当时，日本人并不知道怎么制造天文望远镜，1917 年，日本光学工业株式会社成立，即后来著名的相机公司尼康。尼康公司

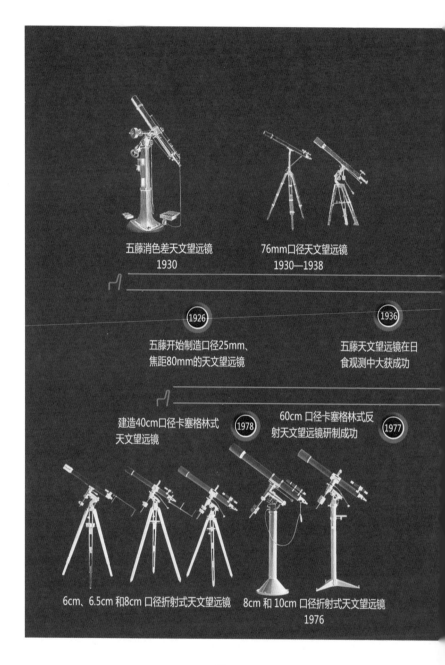

五藤消色差天文望远镜
1930

76mm口径天文望远镜
1930—1938

1926

五藤开始制造口径25mm、
焦距80mm的天文望远镜

1936

五藤天文望远镜在日
食观测中大获成功

建造40cm口径卡塞格林式
天文望远镜

1978

60cm 口径卡塞格林式反
射天文望远镜研制成功

1977

6cm、6.5cm 和8cm 口径折射式天文望远镜

8cm 和 10cm 口径折射式天文望远镜
1976

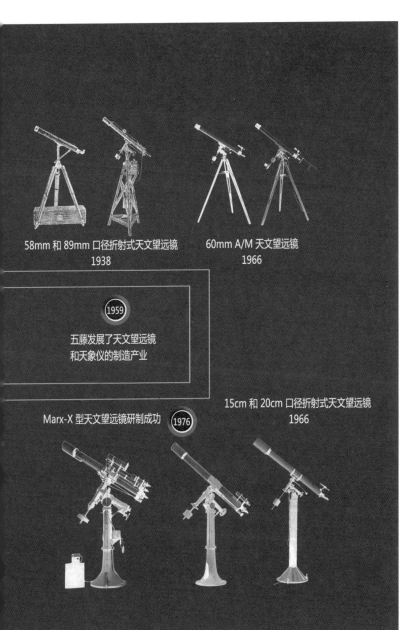

58mm 和 89mm 口径折射式天文望远镜
1938

60mm A/M 天文望远镜
1966

1959

五藤发展了天文望远镜
和天象仪的制造产业

Marx-X 型天文望远镜研制成功　1976

15cm 和 20cm 口径折射式天文望远镜
1966

五藤小天文望远镜发展历程

早年间制造天文望远镜的过往现在已经模糊不清，经汇集整理各种资料，这段故事大抵如下：1921 年，一群德国工程师来到日本光学工业株式会社，他们从事光学设计、产品设计，以及透镜和棱镜的打磨、抛光工作。其中比较著名的德国工程师之一叫海因里希·阿克特，他在日本工作至 1928 年，并制作了第一枚尼康镜头。在他离开后，日本光学师对这款镜头进行了改进，于 1929 年生产了 50cm *F*/4.8 镜头，并将其称为"Trimar"镜头。此外，日本人后来还根据蔡司的天塞镜头（Tessar），生产了"Anytar"12cm *F*/4.0 镜头。

在尼康公司的镜头制作初具规模时，尼康公司的天文望远镜也开始了制作。尼康公司于 1922 年开始设计生产，并于 1926 年推出了第一个型号的天文望远镜。然而这款产品几乎复刻了蔡司在 1908 年时的产品，其口径为 80mm，带有三脚架底座，有着大而舒适的手轮，而这种手轮正是蔡司天文望远镜标志性的设计。尼康公司生产的这一产品无疑是天文望远镜中的高端产品，在当时，日本这类高端产品正被进口货占据，而尼康这款望远镜的价格比进口的望远镜还要高，因此销量很不好。开局不佳，之后的尼康天文望远镜也不温不火。尼康的再度发力，基本就到了 20 世纪 70 年代到 20 世纪 90 年代，可以说这段时间才是尼康望远镜最知名的 30 年。

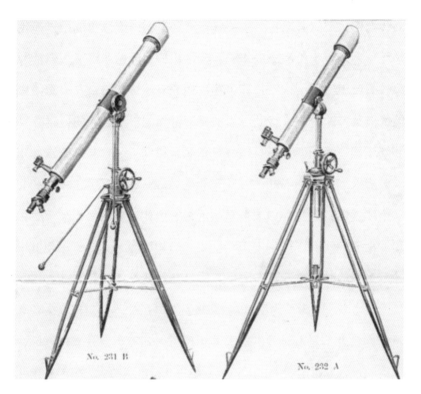

1926 年尼康 76mm、114mm 折射式天文望远镜，从图中
可以看出，一些细节参考了当时西方著名的天文望远镜的设计
图片来源：1926 年尼康望远镜产品名录

小天文望远镜类型众多，而日本的厂家大多钟爱制造小口径
的折射式天文望远镜，尼康公司也是如此。在 20 世纪七八十年代，
他们的主力产品便是精致的 65mm 小口径折射式天文望远镜。其
实，在 20 世纪 70 年代，业余天文爱好者已经不满足于小口径天

文望远镜，那时人们正处于追逐大口径设备的一波热潮中，但正是在这种环境下，尼康的 65mm 口径望远镜依然获得了人们的青睐。有些顶级业余玩家这样描述尼康 65mm 口径折射式天文望远镜的效果：这个望远镜的成像如同刀劈斧削，因为它的色差控制要好于同口径的两片萤石镜，星点非常锐利，观看双星简直是吓人般清晰，虽然是 65mm 的口径，但可以轻易放大 200 倍。做工上，这个望远镜的手感类似老蔡司望远镜，但比后者轻便，结实耐用程度毫不逊色于德国蔡司望远镜。

尼康的另一个发展方向是天文台级的设备，最著名的是 1931 年为日本东京科学博物馆制造的 20cm 口径的大型赤道仪天文望远镜，这台设备是当时日本最大的国产折射式赤道仪天文望远镜，而这个设备真正出名，是因为一幅名为《看星星的女人》的名画，画面中的那台望远镜便是当年尼康的得意之作。尼康的第二个成名之作是冈山天文台 91cm 口径的反射式摄影赤道仪望远镜，于 1961 年制作完成。之后，尼康又在 1971 年为日本国立天文台建造了 25cm 口径的折轴式日冕望远镜，以及 1974 年为东京天文台制造了 105cm 口径的施密特摄星仪。

玩镜者说

　　中国的天文爱好者群体中极少有人使用过尼康的天文望远镜，目前国内仅存的，应该是北京师范大学天文系 40cm 口径西村望远镜上的那枚导星镜。尼康的天文望远镜做工精致，焦距较长，对光学控制要求颇为严格，光学效果也经得起高倍放大，我们可以把尼康比作精致版本的 Unitron（美国望远镜品牌）。如今若想体验尼康天文的光学技术，可以尝试其生产的目镜。其生产的目镜颇具品质，工艺比 Tele Vue（美国望远镜品牌）更加精致。

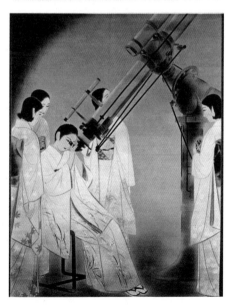

左图：根据日本东京科学博物馆尼康望远镜而创作的作品——《看星星的女人》
右图：尼康 5cm 口径小型折射式天文望远镜

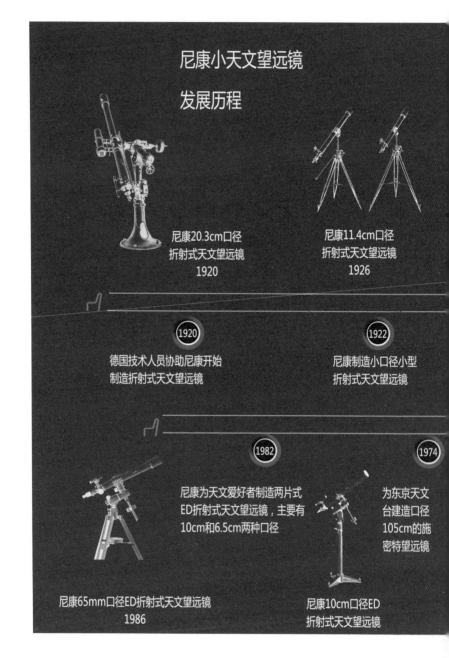

尼康小天文望远镜

发展历程

尼康20.3cm口径
折射式天文望远镜
1920

尼康11.4cm口径
折射式天文望远镜
1926

1920

德国技术人员协助尼康开始
制造折射式天文望远镜

1922

尼康制造小口径小型
折射式天文望远镜

1982

尼康为天文爱好者制造两片式
ED折射式天文望远镜，主要有
10cm和6.5cm两种口径

1974

为东京天文
台建造口径
105cm的施
密特望远镜

尼康65mm口径ED折射式天文望远镜
1986

尼康10cm口径ED
折射式天文望远镜

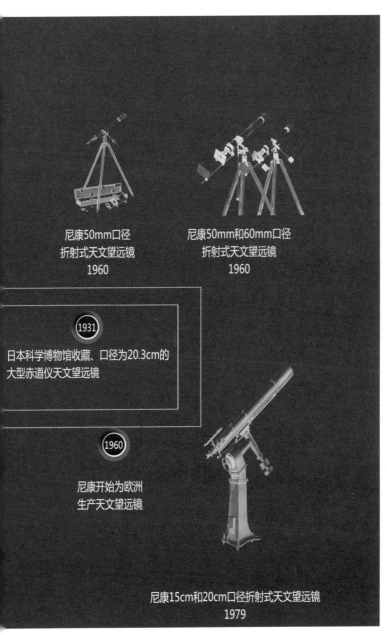

尼康50mm口径
折射式天文望远镜
1960

尼康50mm和60mm口径
折射式天文望远镜
1960

1931

日本科学博物馆收藏、口径为20.3cm的
大型赤道仪天文望远镜

1960

尼康开始为欧洲
生产天文望远镜

尼康15cm和20cm口径折射式天文望远镜
1979

尼康小天文望远镜发展历程

西村，花山号和东山号

北京师范大学天文系曾经有一个很老的圆顶形建筑，这个建筑的老圆顶每次徐徐打开，都伴随着木质龙骨和金属铰链吱吱呀呀的声音，在昏暗的黄色灯光中，一台看起来硕大无比的望远镜就这么映入眼帘。20多年前，年轻的天文系学生，就是用这台西村望远镜接上机械胶片单反相机，拍摄下他们的第一张月球照片。

西村是日本天文爱好者眼中的非主流。日本人喜欢折射式天文望远镜，对反射式天文望远镜提不起兴趣，而西村则以制作反射式天文望远镜见长。西村于1890年组建，早期的日文名叫Shigejiro Nishimura & Sons，它的幕后掌控者实际上是东京帝国大学的中村先生。从1920年起，西村开始制造反射式天文望远镜，现在比较公认的"初号机"就是中村先生于1926年完成的作品，其口径为15cm。早期，几乎所有的镜片都是中村先生一手磨制的。虽然反射式天文望远镜并非日本主流，但日本望远镜爱好者很喜欢研究早期的西村望远镜，因为反射式天文望远镜更容易做大口径，西村一直在口径数据上刷新着"日本第一"。

1926 年，西村 15cm "初号机" 以及早期的其他天文望远镜
图片来源：国产市販天体望遠鏡の形成について
白川 博樹

据统计，1920—1931 年，西村制造了超过 200 台小型反射式天文望远镜，其中 25 台的口径达到了 15cm，3 台口径达到了 16.5cm，3 台口径达到了 20cm，最受关注的是一台口径为 25cm $F/3.8$ 的反射式摄星仪，摄星仪是一类专门用于天体摄影的望远镜，一般拥有较大的成像范围，或者更明亮的焦比，西村生产的这台摄星仪从参数上看，即便在如今也并不落后。有人说，制造日本第一台天文望远镜的是西村，这与我们在谈论岛津望远镜和尼康望远镜时得出的结论矛盾。其实，岛津确实制造了日本最早的爱

好者天文望远镜，但若将赤道仪作为天文望远镜的显著标志，那么尼康应是最早的，但尼康的早期望远镜有德国工程师参与。而西村在 1929 年设计制造的，是第一台日本产的折射式赤道仪望远镜。这是件很有趣的事情，原本擅长反射式天文望远镜的西村，居然用折射式天文望远镜获得了一个日本第一。

 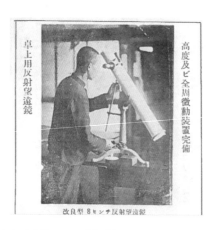

左图：京都帝国大学花山天文台的西村 25cm 反射式摄星仪
右图：西村桌面上的反射式天文望远镜
图片来源：1936 年西村望远镜产品册

西村在 20 世纪 20 年代开始制作小天文望远镜，并发展出了一个系列。其中最为著名的是花山号和东山号。花山号是拥有 10cm 口径、950mm 焦距的反射式天文望远镜，它有着漂亮的木质三脚架，当年售价为 145 日元。东山号有两款，一款为 15cm 口径、1350mm 焦距；另一款则是 20cm 口径、1600mm 焦距，售价分别为 200 日元和 350 日元。花山号和东山号都是经纬仪望远镜，其特色有二，一为前置的纬度微调杆，大部分望远镜的纬度微调都在后面，而它们因为是反射镜，所以放在了镜筒前面。二为木质弯曲的三脚架，颇具东方家具美感，这个特征一直延续到后来。20 世纪 80 年代之后，西村的小天文望远镜才随波逐流，改为笔管条直的常见三脚架造型。

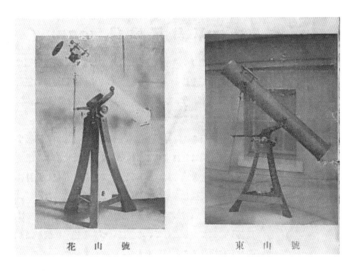

西村的花山号和东山号反射式天文望远镜

图片来源：早期西村望远镜产品册

在第二次世界大战时期，西村主要研发军用卡塞格林反射式天文望远镜。1953 年，西村建造了日本自产的最大反射式天文望远镜——仙台天文台的 41cm 口径望远镜。1959 年，西村建造了冢原学园 60cm 口径的反射式天文望远镜，依然是日本自产之最。从此之后，西村一路高歌，走专业级望远镜的道路，生产的望远镜大多是 1～2m 口径的，而起家的业余反射式天文望远镜，则消失在了历史之中。

西村后期的反射式天文望远镜

玩镜者说

西村（制作所）是一个家族企业，现在以生产天文台级别的望远镜为主。中国为数不多的西村反射式天文望远镜，工艺极佳，但可惜的是这些大口径西村反射式天文望远镜的成像看起来往往不如想象的那般锐利，这并非望远镜的问题，而是由于在长焦距高倍率下，望远镜对观测环境极为挑剔，若没有解决好本地的视宁度问题，就无法发挥出这些望远镜的优势。

　　小天文望远镜金色时代的落幕让人唏嘘，不过这也是历史的必然。倘若如今我们依然生活在金色时代，怕也不会那么好受。过于昂贵的材料会限制大装置的发展，小型望远镜的贵族化也会导致只有极少人才可以进行业余天文观测。独乐或者众乐，想必每一个爱好天文的人心中，都会作出选择。

　　我们开篇说的那位知名望远镜收藏家，依然为自己的中星仪配不到目镜而苦恼，倘若他换个思路，想想当年傅科制作的望远镜的目镜和显微镜的目镜是通用的，这样一来不就简单许多？那位天文馆的朋友，依然没有开启自己的收藏，毕竟天文馆的收藏，就够他研究好多年了。天文台的那位老师，不知什么时候起，他的书桌上多了一台古色古香的望远镜，哪里来的呢？据说是某个拍卖会上的东西，花了小几千购得，可惜这是"大开门"的仿制品，印度货色。看来，即便是老玩家，也不能掉以轻心。金色时代的小天文望远镜内容极其庞杂，本书只能粗浅说上一点，如果各位朋友有兴趣，可在参考文献中寻找资料。不过有一点是肯定的，金色时代是天文科学与天文艺术结合的典范，在此之后，二者渐行渐远，不知它们何时能够再重逢呢？

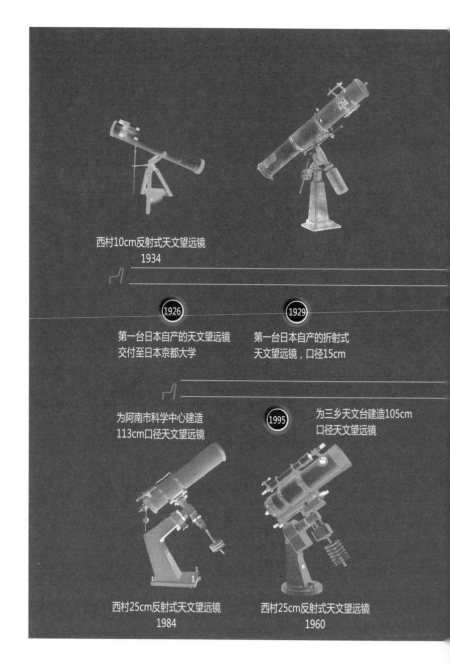

西村10cm反射式天文望远镜
1934

1926

第一台日本自产的天文望远镜
交付至日本京都大学

1929

第一台日本自产的折射式
天文望远镜，口径15cm

为阿南市科学中心建造
113cm口径天文望远镜

1995

为三乡天文台建造105cm
口径天文望远镜

西村25cm反射式天文望远镜
1984

西村25cm反射式天文望远镜
1960

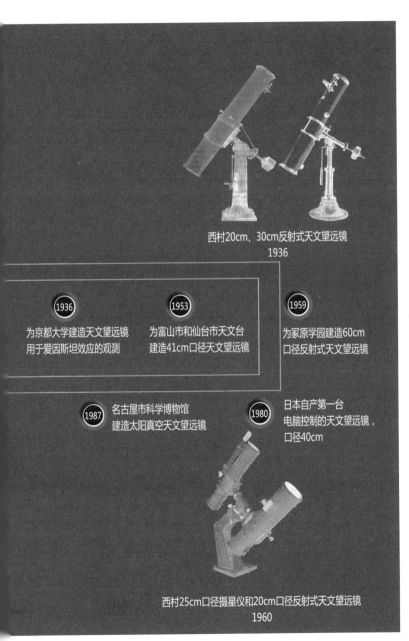

西村20cm、30cm反射式天文望远镜
1936

1936	为京都大学建造天文望远镜 用于爱因斯坦效应的观测
1953	为富山市和仙台市天文台 建造41cm口径天文望远镜
1959	为冢原学园建造60cm 口径反射式天文望远镜

1987　名古屋市科学博物馆
建造太阳真空天文望远镜

日本自产第一台
电脑控制的天文望远镜，
口径40cm
1980

西村25cm口径摄星仪和20cm口径反射式天文望远镜
1960

西村小天文望远镜发展历程

第 2 章
灰白时代

天文爱好者面对废铜烂铁般的老天文望远镜，各种情感总会杂糅在一起，说不清是喜爱还是嫌弃，或者会闪回到曾经的某一场景之中。面对品种繁多的收藏品，每个人的感受都是不一样的。一位专门拍摄月球的天文爱好者来与笔者交流时，曾经抚摸着笔者收藏的一台粗糙的 Criterion 牛顿反射式天文望远镜说："嘿，真像我上中学那会儿的第一台望远镜啊！"（笔者那台望远镜摇摇晃晃，是从国外千辛万苦弄来的标本）接着，他又摸着旁边的一台 Fecker 自动赤道仪望远镜，感慨："这可是当年的尖货，买不起，买不起啊！"曾经还有一位白俄罗斯的天文摄影师来中国交流，盯着一台苏联制造的小天文望远镜眼睛发亮，看过许久后大笑："这是我上学时的那款！"你说说，在心底与某位爱好者发生共鸣，是多么神奇的一件事。

2.1　第一波热潮

　　20 世纪 50 年代，个人对于自我梦想的追逐终于爆发。业余天文爱好者这个群体突然出现并且迅速扩大。在美国，无论是老牌的光学制造厂，还是专业望远镜制造商都看出了这个苗头，开始专门为这一群体打造观测设备。不仅如此，一些其他领域的厂商也嗅到了"气味"，开始转行投产，一些新牌子突然冒了出来。这个时代的望远镜厂家的竞争显得火药味十足，却又充满着稚嫩的幻想。当时，世界还没有跨入航天竞争，于是这个群体被称为"前航天时代的"天文爱好者。

影响世界的一台小天文望远镜——Criterion 的简易设备

　　曾有媒体评选过影响世界的 5 台小天文望远镜，其中之一便是 Criterion 公司生产的 RV-6 牛顿反射式天文望远镜（即 RV-6 Dynascope）。若是单从它的外观判断，这台望远镜平淡无奇，即便研读它的性能参数，也是乏善可陈，但正是这样一台小天文望远镜，推动了 20 世纪 50 年代天文爱好者队伍的大发展。20 世纪 50 年代，安宁的生活和稳步恢复的经济，让人们对未来充满了希望。在这个背景下，天文爱好者的队伍迅速扩大。然而当时，有能力生产小天文望远镜的厂家依然多为传统老厂，如德国蔡司、美国 Fecker 这些老牌光学厂家，它们的产品做工精良，用料扎实讲究，具有很高的专业程度，所以售价相对昂贵。在当时的几个新兴品牌中，美国的 Unitron 和美国的 Questar，也秉承了天文望远镜一定要做精品的理念，价格居高不下。时代正等待着新的英雄降临。

1950 年，Criterion 公司成立，其最开始推出的是一款口径为 40mm，焦比仅为 $F/25$ 的消色差折射式小天文望远镜，它从一开始，就为 Criterion 望远镜定下了主旨：要为天文爱好者做便宜的望远镜。几个月后，Criterion 发布了它的"大杀器"——口径为 10cm 的牛顿反射式天文望远镜，并且带赤道仪结构。Criterion 公司将这款望远镜命名为 Dynascope，这是一个听起来就让人激动的名字，而它的价格更让人激动，全套设备，包括 13cm 抛物面主镜、金属的德国式赤道仪、3 个可更换消色差目镜，总价格为 44.95 美元。

而在当时，相同配置的望远镜价格在 150 美元左右。美国的货币采用了布雷顿森林体系，当时 35 美元约等于 28g 黄金，1 美元约值 0.9g 黄金，也就是说，150 美元左右的、10cm 口径的反射式天文望远镜的价格为 135g 黄金，折合成如今的价格可超过 5 万元人民币。这样的一笔花费，着实让天文爱好者肉疼。而 Criterion 同样规格的

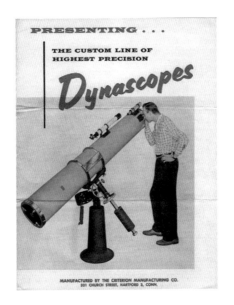

重型 Criterion 望远镜，其镜筒上绑定了寻星镜和导星镜
图片来源：1958 年 Criterion 产品手册

望远镜的售价只有别的厂家的三分之一，于是，天文爱好者纷纷掏

钱购买此镜。

　　当然，天下没有免费的午餐，Criterion 的这款望远镜无论在当

时看来还是如今看来，都是偷工减料的结果。它的镜筒采用电胶

木，没有采用结实的金属；赤道仪结构极其简单，当然也极其不

稳定；三脚架采用了不可拆卸收缩的设计。这些都让使用者的体

验感大大降低。后来，做工精湛，善于制造优质折射式天文望远

镜的 Unitron 公司就通过漫画"调戏"Criterion 的产品，意思大概是粗制滥造的反射式天文望远镜使用起来体验感如此糟糕，以至于降价也不买，买了也糟心。

当然，与现在的一些小天文望远镜相比，Criterion 望远镜的做工用料还算不错的，总结起来算是功过参半。值得肯定的是，这款望远镜对于天文普及的作用是巨大的。我们曾接待过一些美国资深天文爱好者，他们看到我们收藏的 10cm 口径的 Dynascope 时大为感慨，能在学生时代跨入天文爱好者行列，就是靠这款望远镜实现的。

在 10cm 口径的 Dynascope 成功之后，Criterion 公司的竞争对手们也突然发力，开始抢夺爱好者入门级的、高性价比望远镜这一领域。让 Criterion 公司压力最大的当数 Edmund 光学（美国厂商），这家厂商比 Criterion 的资格更老，而且专注于科学教具的开发。在 Criterion 公司获得成功后，Edmund 公司迅速推出了 15cm 口径的经济型反射式天文望远镜，试图压制住 Criterion 公司。但 Edmund 公司并没有成功，因为 Criterion 公司早有准备，很快设计出了它最经典也是最成功的一款爱好者用天文望远镜——RV-6 Dynascope。比起 10cm 口径的 Dynascope，RV-6 Dynascope 可以说是改变了世界天文爱好者的一款望远镜，它是一款带中央立柱德式赤道仪的 15cm 口径的反射式天文望远镜，并且拥有电动跟踪功能。

对于 RV-6 Dynascope，Criterion 公司无疑下了血本。在 1959 年的《天空与望远镜》杂志中，Criterion 公司购买了整整一个跨页的广告，来发售 RV-6 Dynascope，称它是坚固、耐用、轻便的望远镜。该望远镜主镜使用口径为 15cm，焦比为 *F*/8.0 的抛物面反射镜，精度可达 1/8 波长，镀真空铝膜，带石英保护层；目镜标配为 3 只，合成倍率可以达到 75 倍、150 倍、341 倍（当时的长焦反射式天文望远镜大部分是为了观测行星，又称行星反射镜，因为常用倍率比我们如今使用的反射式天文望远镜要高），配备带有微调装置的消色差寻星镜以及 3 倍巴罗镜和电动跟踪赤道仪，而且这个 15cm 口径的望远镜，只需要一个 10cm 口径望远镜的价格，仅售 194.95 美元！

Criterion 望远镜和电动赤道式装置
图片来源：1968 年 Criterion 产品手册

玩镜者说

当时的 10cm 口径的 Dynascope，镜筒长、焦距长但支架不稳定，用起来十分困难，细节做工也并不精细。镜筒由于采用电胶木，经不起磕碰。但值得一提的是，即便如此偷工减料，节约成本，这台望远镜的调焦、寻星镜、相机支架等部分都用料十足，而且手感尚佳。

20 世纪五六十年代，是 Criterion 天文望远镜称霸市场的时代，其最辉煌的时候，在《天空与望远镜》杂志有 4 个整页面的广告，但这一切在 20 世纪 70 年代中期发生了改变。在望远镜制造理念上，Criterion 故步自封，靠传统产品苦撑门面，却不知市场早已天翻地覆。这时，星特朗生产的施密特 - 卡塞格林式折反射望远镜出现了，其 C5 望远镜直接打败了 Criterion 的 RV-6 望远镜。星特朗 C5 望远镜采用折反射设计，短小精悍，萌倒一大群粉丝。星特朗的另一款产品 C8 望远镜是当时高端天文望远镜的代表，采用了 20.3cm 口径的折反射设计，颇有专业风范。为了抵抗 C8 望远镜，Criterion 公司推出了"终极武器"，施密特 - 卡塞格林 20.3cm 口径望远镜——Dynamax 8，但这个领域终究已经是星特朗望远镜的天下，Criterion 望远镜败下阵来。20 世纪 70 年代末，这个品牌几乎瞬间消失，渐渐被大众遗忘。

Criterion 后期的 Dynamax 20.3cm 口径的施密特 - 卡塞格林望远镜，
与其最为经典的 RV-6 型望远镜相比，售价高了将近 4 倍
图片来源：1978 年 Criterion 的产品手册

老牌没落了——Fecker 望远镜

20 世纪 50 年代，小天文望远镜完成了一次史无前例的更新换
代。在第二次世界大战前，老牌望远镜厂商出尽风头。

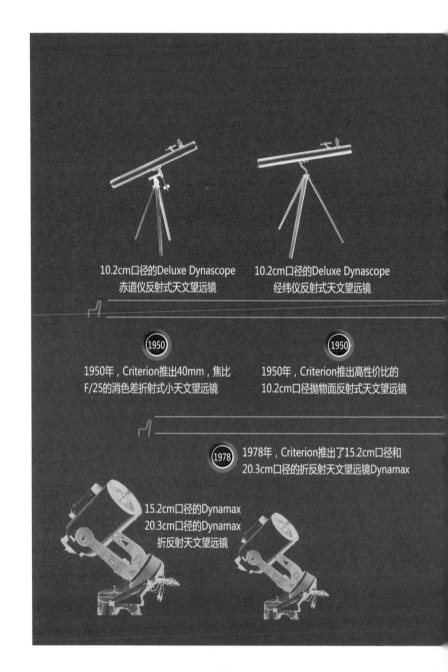

10.2cm口径的Deluxe Dynascope
赤道仪反射式天文望远镜

10.2cm口径的Deluxe Dynascope
经纬仪反射式天文望远镜

1950

1950年，Criterion推出40mm，焦比
F/25的消色差折射式小天文望远镜

1950

1950年，Criterion推出高性价比的
10.2cm口径抛物面反射式天文望远镜

1978

1978年，Criterion推出了15.2cm口径和
20.3cm口径的折反射天文望远镜Dynamax

15.2cm口径的Dynamax
20.3cm口径的Dynamax
折反射天文望远镜

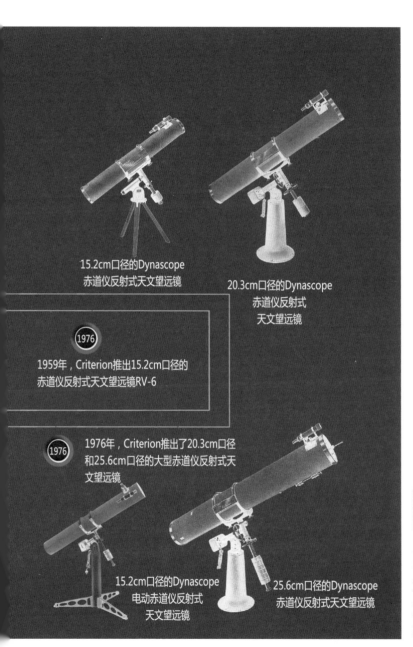

15.2cm口径的Dynascope
赤道仪反射式天文望远镜

20.3cm口径的Dynascope
赤道仪反射式
天文望远镜

1976年，Criterion推出15.2cm口径的
赤道仪反射式天文望远镜RV-6

1976年，Criterion推出了20.3cm口径
和25.6cm口径的大型赤道仪反射式天
文望远镜

15.2cm口径的Dynascope
电动赤道仪反射式
天文望远镜

25.6cm口径的Dynascope
赤道仪反射式天文望远镜

Criterion 小天文望远镜发展历程

作为金色时代的代表，克拉克望远镜一直在为有钱人制作奢华的天文望远镜，类似的还有 Mogey 望远镜、蔡司望远镜、Fecker 望远镜以及稍晚出现的 Tinsley 望远镜。在天文望远镜的金色时代结束时，这些厂家感受到了来自市场的压力，这些压力并非来自旁人，而是来自业余天文爱好者。在第二次世界大战后，业余天文爱好者中掀起了 AMT 热潮，AMT 的意思是：爱好者自制望远镜，而此时的老牌厂商却依然做着他们习惯的事：制作最昂贵的奢侈品。这样一来，情况发生了改变：望远镜更大的市场来自天文爱好者，但爱好者自己能制作望远镜，为何还要去购买昂贵的名牌产品呢？

在新品牌的冲击下，有些老牌厂商试图作出一点改变，Fecker 公司算是其中比较努力的一个。在 20 世纪 50 年代早期，Fecker 发售了一款面向业余爱好者的 10cm 口径的折射式天文望远镜，他们的口号是："为天文爱好者打造精品"，但实际上，10cm 口径的折射式天文望远镜并不是一般爱好者能消受得了的，这款产品的价格也着实令人咋舌——390 美元。对于 Fecker 公司来说，做惯了奢侈望远镜和大型专业望远镜，突然转变很困难。那时，Fecker 望远镜在《天空与望远镜》杂志上的广告依然写着"始于 1875"。

直到 1956 年，Fecker 才不得不再一次放低身段，制作了第一

Fecker 生产的两款经典产品，Celestar 4 和 Celestar 6 望远镜

图片来源：Fecker 在 20 世纪中期的广告页

Fecker Celestar 6 望远镜

款真正意义上的小天文望远镜——Celestar 4。这款望远镜如专业望远镜一样，做工精良，用料实在。然而在 20 世纪 50 年代，爱好者需要出比 Criterion 经济型望远镜多 4 倍的价格，才能买到性能指标类似的 Fecker 望远镜。有年纪较大的国外爱好者在参观藏品时，会指着这款 Fecker 望远镜说："这款在当时很好，但是我们买不起。"这款 Celestar 4 型反射式天文望远镜，也只卖了几年的光景。

Fecker 公司还开发了一款 Celestar 6 望远镜，其特点更加突出：口径为 15cm 的马克苏托夫－牛顿式折反射望远镜（简称马牛式望远镜），这在当时是一个非常前卫的设计，在此镜之后，国际上出现下一款著名的马牛式望远镜，就是 30 年后日本特殊光学的产品了。Celestar 6 的特点不止于此，它与一般的马牛式望远镜不同，其平面镜被放在靠近凹面镜的位置上，因此目镜端更靠近望远镜尾部。而目镜端的设计也别具匠心，使用了三孔转塔，观测者不用抽插更换目镜，而像使用显微镜那样转动转塔就可以快速更换倍率。这些设计都有些专业望远镜的味道。

Fecker 公司的 Celestar 是个"短命"的系列，他们很快就在激烈的竞争中败下阵来。10cm 口径的反射式天文望远镜售价接近 200 美元，15cm 口径的折反射镜售价接近 500 美元，这让手头资金不足的爱好者望而却步。而高端折反射望远镜品牌 Questar

凭借巧妙的设计和精良的做工，以及奢华超时代外观，在高端路线上占领了先机。Questar 的售价虽然比 Fecker 更贵，但产品看起来也更为精致，相比之下，Fecker 望远镜那种笨粗的感觉，就实在得不到市场。

玩镜者说

Celestar 4 这款望远镜异常沉重，和同口径的 Criterion 9cm 望远镜相比，重了足有一倍。通过这款望远镜，我们不难感受到 Fecker 公司制作望远镜的风格，粗壮的高密度木质三脚架，叉臂式电动赤道仪，巧妙地利用电机作为望远镜的配重（这个设计甚是独特）。一些细节也做得与众不同，比如寻星镜的微调机构，采用了 4 个螺丝加中心一个钢珠的结构，这是类似于万向调节的装置。

2.2 折射式天文望远镜王国——Unitron

目镜中看到的木星，由于大气的抖动显得颤颤巍巍，对于经验丰富的观测者来说，只要有足够的耐心，就能看到不一样的细节。耐心是关键——在视宁度变好的一个瞬间，似乎木星的一切都会显现出来。木星表面的大红斑，或者某个卫星投下的影子，这些细节稍纵即逝。如果此时想与他人分享，一眼看过来，只能是一枚黄豆。行星目视观测就是这样神奇。

在 20 世纪五六十年代，这个做法是天文爱好者的观测主流，他们不敢奢望在目镜中看到如同天体照片上那样的星云、星系，只能将月球和行星作为主要的观测目标。一枚优质的行星望远镜以及高反差的目镜，就能让爱好者有机会找到行星上面的一些细节。大红斑在"招手"，火星的水手谷和极冠在"招手"，土星的卡西尼环缝在"招手"。哪款才是性价比最高的小天文望远镜呢？

传奇历史

天文爱好者群体中似乎存在一条鄙视链：收藏天体物理望远镜（Astrophysics）的人，看不上高桥望远镜（Takahashi）的粉丝，而爱好高桥望远镜的人，看不上收藏星特朗、米德等品牌的爱好者。其实这种现象在五六十年前就存在。如果把尼康说成是轻量化的蔡司，那么 Unitron 就是低配版本的尼康。但或许没有哪个品牌的望远镜有 Unitron 这样的"待遇"——在其消失了 30 多年后，当年的那帮拥趸，还有后来的历史爱好者合作了一个项目，旨在挖掘当年辉煌一时的 Unitron 望远镜各个阶段的故事。这一挖不得了，挖出一堆当年鲜为人知的故事来。

20 世纪 50 年代到 20 世纪 80 年代，曾经有过一个美国知名望远镜品牌——Unitron，这个品牌专注于制作高品质折射式天文望远镜，以功能齐全，做工精细闻名。凭借这些优势，Unitron 在当时成为美国最流行的折射式天文望远镜品牌，地位在数十年中无可撼动。然而很少有人知道，这个品牌的望远镜是日本制造，它是日本小天文望远镜制造业中最成功的输出案例之一。

日本精光研究所（Nihon Seiko）可能在 20 世纪 30 年代就开始出产天文望远镜了，1949 年，精光推广了野泽工厂产的两款小天文望远镜，一个 6cm 口径的牛顿反射式天文望远镜，一个 8cm 口径的折射式天文望远镜，都是廉价的小型设备。两年后，精光研究所的产品开始远销欧美，而其望远镜结构也变得越来越复杂——开始配备寻星镜、导星镜、相机以及一系列调节装置。在日本，精光研究所的产品被称为 Polarex。

美国 Unitron 公司的创始人劳伦斯·A·法恩并非一开始就钟情于光学，最初是一名杂货进口销售商。一个偶然的机会，他发现了销售天文望远镜的广告，并一时冲动购买了几台望远镜准备倒手出售，但这几台望远镜却让他大失所望。这几台望远镜结构松散，做工极差，于是劳伦斯修理后再将它们售出。这虽然麻烦了些，却让劳伦斯感受到了乐趣。之后，他亲赴日本，与日本精光研究所取得联系，并开始了望远镜进口业务。早期，Unitron

是一个小型的家族式企业：劳伦斯自己手握大权当老板，他的妻子、母亲甚至放学后的两个孩子都参与了工作。劳伦斯本人主要负责产品的设计修改、营销和广告业务。20 世纪六七十年代，是 Unitron 望远镜最为辉煌的 20 年。1975 年，公司创立者劳伦斯将 Unitron 这个品牌卖掉，从此不再过问。

3 年后，劳伦斯和夫人遭遇了一场空难，Unitron 公司的早期历史从此便无人知晓。从那时起，Unitron 公司江河日下，从一个高端折射式天文望远镜品牌缩水为民用小天文望远镜生产厂。1981 年，日本尼康公司收购了 Unitron，5 年后，Unitron 又被私人收购。1992 年，日本精光研究所关门大吉，从此 Unitron 望远镜也不复存在。

纷繁复杂

在天文望远镜设计中，欧洲、美国、日本分别代表了 3 种不同的风格。欧洲厚重古典，日本简约精致，美国强调功能和尺寸。在劳伦斯的努力下，美国的理念和日本精光研究所的工艺共同铸就了 Unitron 这一混血高端望远镜品牌。设计上，Unitron 秉承了日本望远镜精致的做工，又融入了美国望远镜大气和坚固的特点，并在此基础上演绎出各种纷繁复杂的变化。在小天文望远镜这个

这个广告页体现了 Unitron 带给天文爱好者强烈的"操控感"，这个视角下可以看到望远镜的寻星镜、导星镜、微调杆、平衡杆、投影板，以及拥有 6 个目镜的转塔后端

图片来源：Unitron 产品目录页

领域，如果按照功能齐全和复杂程度进行排序，Unitron 可以算得上第一位。

让我们举几个 Unitron 望远镜之所以经典的例子。第一个例子来自 Unitron 望远镜的"捆绑式"设计，把多个不同功能的望远镜"绑"在一起，往往是专业望远镜的做法，由于要实现较为便

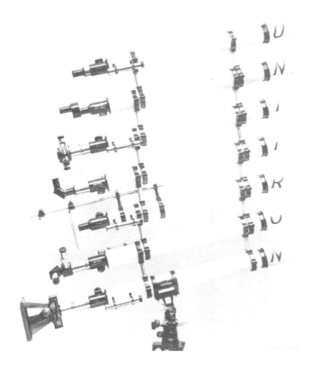

这虽然是一个夸张的广告，但其展现了 Unitron 丰富的后端，从上至下依次是直视系统、正像系统、Unihex 系统、天顶镜系统、投影系统、双目镜系统、照相系统

图片来源：Unitron 产品目录页

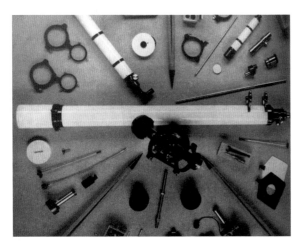

Unitron 的丰富配件

图片来源：Unitron 产品广告页

捷地去寻找天体这一功能，专业望远镜会加装 1 到 2 个，甚至 3 个寻星镜，用来在不同倍率上找到要观测的天体，最后才在主镜上进行观测。而在天文摄影时，则需要用另外一个望远镜进行"导星"，以避免长时间曝光中，赤道仪不能稳定跟踪天体。观测者通常通过导星镜手动矫正天体的位置。多镜捆绑的方式显然对观测很有好处，起码会很方便，但对业余天文爱好者来说就有些吃不消。首先，这种方式导致望远镜的价格会高出很多；其次，对于赤道仪和支架系统的稳定性也会有更高的要求。Unitron 望远镜在口径较大（140mm 以上）的折射式天文望远镜中，多采用这种方式，而且还将一些其他功能也融合了进去，比如太阳投影功能、照相功能等。

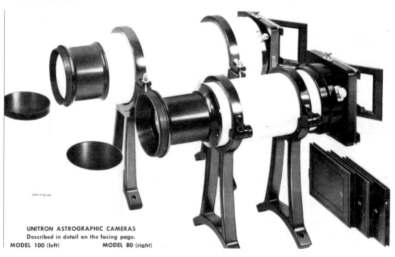

架在主镜旁边的两款迷你摄星仪
图片来源：Unitron 产品目录页

第二个例子来自 Unitron 的配件系列。Unitron 的配件系统非常复杂，包括 10 余个门类，主要有天文相机、摄星仪、接环、目镜组、赫歇尔棱镜、转仪钟、光谱仪等。其中最有特色的、可以代表 Unitron 品质的是被称为 Unihex 的 6 孔目镜转塔。目镜转塔用于多个目镜之间的快速切换，这个装置有点像现在显微镜上用的物镜转塔。虽然在它之前或者同期，蔡司公司、Fecker 公司也有类似的设计，但都只是 3 孔设计，而 Unihex 却将天顶镜和 6 孔目镜塔合为了一体。为了宣传 Unihex，Unitron 公司专门请漫画家

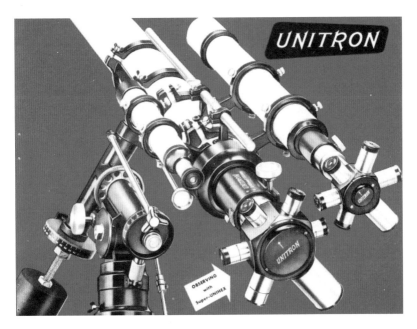

Unihex 目镜端拥有两个规格，分别适用于不同的主镜
图片来源：Unitron 产品目录页

绘制了一幅漫画，大意是有了 Unihex，用户就不用愁在黑夜中找不到需要更换的目镜了。除此之外，Unitron 公司还提供了丰富的太阳观测配件，包含一个太阳投影板、一个太阳遮光板，还有一个直投式的磨砂屏幕，这对于学校的教学观测很有帮助。

在 Unitron 各个时期的广告中，我们经常能看到它复杂的望远镜组，倘若细致观察，还可以看到一些附件细节，这也是那个时代所独有。因为当时的望远镜镜体沉重、巨大，在做天体跟踪时，需要尽量调节好平衡，从而降低对赤道仪的负担。如今，我们在观测中调节平衡，大多数不会那么精细，而在 20 世纪六七十年代，Unitron 在镜身上的镜身平行方向安装了多个滑动式重锤，满足用户精细平衡调节的需要。

Unitron 的"鄙视"营销法

在 20 世纪 60 年代，繁复的功能加上精致的做工令 Unitron 没有任何对手。在使用体验上，Unitron 在当时也做到了极致，这也导致了天文爱好者群体出现了偏好分化。有些人追求大口径望远镜，从而一直迷恋反射式天文望远镜——因为反射式天文望远镜的口径更容易做大，而大口径对于天文观测非常重要，一方面，观测者可以得到更多的光，可以看到暗弱的天体；另一方面，观测者可以看到更清晰的细节，这是由物理定律决定的。不过，也有一部分人钟情精致小巧的折射式天文望远镜。在那个年代，折射式天文望远镜的做工更为精细，操作者体验感会更好。不同的需求使这两部分人之间经常相互比较，而 Unitron 利用这点，大力推销自己的设备。20 世纪 50 年代末，Unitron 开始了自己的二次元路线，利用漫画来宣传自己的产品。漫画内容主要是对市场上低价劣质的折射式天文望远镜和"身材"巨大但不实用的反射式天文望远镜进行嘲讽。此外，Unitron 还把自己的一些产品卡通化，将其称为"Unitzoo"。

折射镜：你看月亮多清晰
反射镜：我得等等镜筒热
平衡带来的湍流

折射镜：舒坦
反射镜：上吊

折射镜：设计轻巧心头好
反射镜：再便宜也没人要

低价劣质的望远镜：晃晃悠悠找不到
Unitron 望远镜：看星是一种享受

没有 Unihex 的烦恼，想换目镜找不到

Unihex 目镜端真叫好，不用担心被蛙咬

低价劣质的望远镜：看不到，摔！

UNITRON Presents The UNIZOO!

Unitron 望远镜配件的另一个宣传方式——卡通化的 Unizoo，寻星镜、投影板、转仪钟、
天文照相机、天顶镜和正像棱镜都被拟人化

图片来源：Unitron 产品目录页

折折式望远镜

Unitron 制作的望远镜，大部分是中规中矩的折射式天文望远镜，仅有少部分例外。20 世纪 70 年代，Unitron 推出了两款奇怪的折射式天文望远镜，型号分别是 131c 和 132c。与普通的折射式天文望远镜不同，这两款望远镜加粗了镜筒，并在里面放置了两块平面镜，利用两次反射，把镜筒缩短了不少。以 131c 为例，它

的主镜是 75mm，但镜筒比 75mm 粗了很多，物镜镜头只占了镜筒的一小部分。当光通过物镜后，先经过底端的一次平面镜反射，再经过顶端的一次平面镜反射，最后才打到目镜端，目镜端还是保留了 Unitron 望远镜的一贯特色：像花瓣一样的设计。131c 的焦距是 1200mm，如果是正经的折射式天文望远镜，它应该有 1.2m 甚至 1.5m 长，但 131c 通过折叠光路，将望远镜长度缩到了之前的 1/3。132c 的主镜是 100mm，光路设计与 131c 类似。

这么复杂的设计只为了做到相对便携，很多天文爱好者对此并不理解，我们将其称为"折折式望远镜"。从存世量估计，131c 可能只生产了不到 100 台，而 132c 可能连 50 台都没有，可见当时的天文爱好者对这种设计并不买账。1978 年，132c 的售价是 1400 美元，而 13cm 口径折射镜的价格可达 3000 美元，但实际上，购买后者，甚至花 6000 美元购买 15cm 口径望远镜的大有人在。"折折式望远镜"最终只能草草收场，但在如今的市场上，131c、132c 难得一见，这导致当年并不吃香的"折折式望远镜"，在今天成了收藏者眼里的宝贝。

光路设计特殊的 Unitron "折折式望远镜"
图片来源：《天文月刊》

机械转仪钟

中国最早的现代天文台之一，紫金山天文台内安放着曾经亚洲最大的科研级光学望远镜，德国蔡司公司制造的 60cm 口径的反射式天文望远镜，该望远镜也被称为"大赤道仪"。20 世纪 30 年代，这台望远镜是中国的骄傲，也是全亚洲的骄傲。与"大赤道仪"对应的还有一台"小赤道仪"，它一般用作描绘太阳黑子。若我们现在前往紫金山天文台参观，还可以看到这两台颇有味道的设备，由于这两台设备的制作时间处于金色时代末期，所以它们的部分结构依然是金光灿灿的。而且在支架旁边，都有一个用玻璃罩起来的奇怪结构，几个金色的圆球可随复杂的机构转动，看起来颇似那种转来转去的座钟。

现今我们很少用到这种结构，这是一种完全机械式的驱动跟踪装置，叫作转仪钟。其原理和钟表一样。我们可以把天空当作24小时的表盘，把望远镜当作指针。指针随天体而动，靠钟表般的转仪钟驱动。20世纪50年代，小天文望远镜已经用上了电动的赤道仪跟踪系统，但Unitron望远镜保留了金色时代的传承，依然采用机械转仪钟装置。在Unitron出产的所有型号中，最知名的是型号为145和160的两款天体摄影镜。其实那时还没有单独的业余摄星仪的概念，所谓的天体摄影镜就是配置了自动跟踪赤道仪和很多摄影用配件的小天文望远镜。

Unitron 160是一款10cm口径的折射镜，全套包含了两个望远镜，主镜口径为10cm，副镜是6cm的导星镜，导星镜配有六角花状的Unihex目镜转塔。主镜配220型天文相机底片盒，镜筒上绑着微调重锤。Unitron 160最有意思的结构是赤道仪上的机械转仪钟。该机械转仪钟为黄铜质地，用一个重锤的重力作为动力。Unitron 145是另一款旗舰产品，与Unitron 160相比要小一些，主镜口径为 8cm，其余结构与 Unitron 160 类似。不同的是，在 20 世纪 70 年代，Unitron 145 逐渐改用了电动赤道仪。

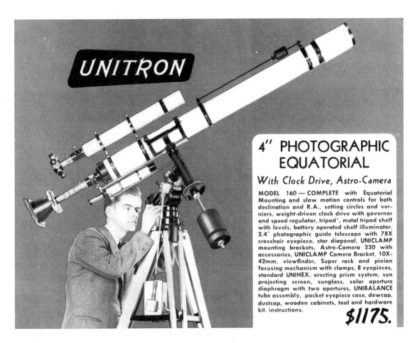

口径为 10cm 的机械转仪钟赤道仪望远镜
图片来源：Unitron 产品目录页

从 20 世纪 50 年代起，Unitron 还做了两款大型赤道仪天文望远镜，型号分别为 166V 和 620。其中 620 这款设备可以说是全面集合了同时期小天文望远镜的功能。620 的赤道仪依然为德国机械转仪钟式赤道仪，支架为方形的中央立柱。主镜为15cm口径的折射式天文望远镜，后端接驳330型相机盒。330型相机比220型相机更大，底片尺寸达到了12.7cm×17.78cm，用于太阳、月亮、行星、星团、星系的摄影。主镜上还捆绑了另外3个镜筒，最小的是寻星镜，接着一个导星镜，导星镜上安装了太阳投影板，可兼顾太阳观测，最后是一个摄星仪，这是其他型号所没有的。摄星仪是专门制作的天体摄影镜头和相机一体的设备，摄影仪的镜头有两种规格，分别是焦距400mm *F*/5.0和500mm *F*/5.0，底片盒是8.89cm×11.43cm，用于大星云、彗星的摄影。这种最为高级的型号在20世纪50年代末售价为6000美元，当时即便是学校，怕是也用不起如此昂贵的望远镜。

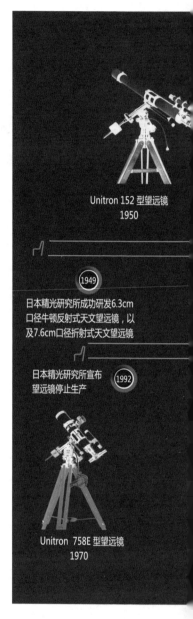

Unitron 152 型望远镜
1950

1949
日本精光研究所成功研发6.3cm口径牛顿反射式天文望远镜，以及7.6cm口径折射式天文望远镜

日本精光研究所宣布望远镜停止生产　1992

Unitron 758E 型望远镜
1970

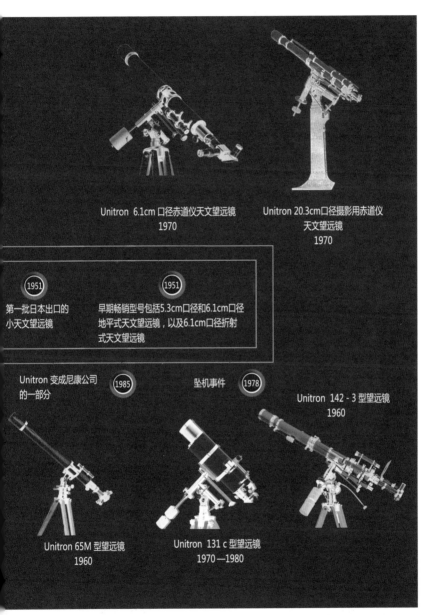

Unitron 6.1cm 口径赤道仪天文望远镜
1970

Unitron 20.3cm口径摄影用赤道仪
天文望远镜
1970

(1951) 第一批日本出口的
小天文望远镜

(1951) 早期畅销型号包括5.3cm口径和6.1cm口径
地平式天文望远镜，以及6.1cm口径折射
式天文望远镜

Unitron 变成尼康公司
的一部分

(1985)　　　坠机事件　　(1978)

Unitron 142 - 3 型望远镜
1960

Unitron 65M 型望远镜
1960

Unitron 131 c 型望远镜
1970 —1980

Unitron 小天文望远镜发展历程

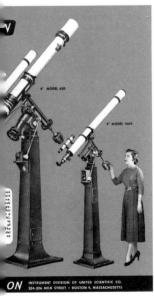

玩镜者说

对于中国的天文爱好者而言，Unitron 是一个很陌生的品牌，用过此镜的人极少，有资深爱好者曾从美国二手市场买到过其镜筒、物镜以及一些配件，但没有整台设备的收藏。Unitron 作为一个时代的代表，很有历史价值，其望远镜的设计和制造在如今看来也相当有味道。然而，其口径较小，镜筒长而厚重，整体尺寸大，这对一些收藏者来说并非好的选择。就光学方面而言，中国使用过该镜的爱好者曾评价，它在当时确实不错，但和今天参数、工艺类似的望远镜相比还有差距。可惜的是，直到现在，中国还没有一台像样的 Unitron 望远镜供玩家鉴赏。

2.3 欧洲的工业风——从德国到西伯利亚

在科学仪器收藏领域，人们通常将 20 世纪五六十年代称为灰白时代，因为那时生产的科学仪器大多是清冷的灰色调。比如德国耶拿蔡司的显微镜等设备颜色灰蓝，被收藏者称为"大灰"，而苏联生产的一些仪器外观色调会偏青一点。总之，那个时期欧洲的科学仪器有着浓烈的工业风格，或者说科学仪器是被当作工业设备来对待的。

当然，同时期的天文望远镜也不例外。欧洲生产小天文望远镜的厂家并不多，但在 20 世纪 50 年代到 20 世代 70 年代，欧洲悄悄出现了一股灰色潮流，颜色以灰蓝、灰绿、银灰、灰黄等为主，望远镜走起了高冷路线。这时的小天文望远镜没有了金色时代的华丽感，也没有彩色时代的科幻感，而是回归了其本应具有的科研仪器属性。然而，灰白时代在整个小天文望远镜的发展历程中，只占据了很短暂的一段时间，而且同时期，其他风格流派和设计主张也在并行发展。

灰色的蔡司大师

德国的蔡司可能是中国光学爱好者最熟悉的欧洲品牌。在中国观鸟爱好者群体中，人们公认的 3 个顶级双筒望远镜品牌便是蔡司、徕卡与施华洛世奇。其实，中国的天文爱好者群体中，极少有人拥有或者使用过蔡司生产的天文望远镜，我知道的只有两位非常资深的人士。一位是天文台的研究人员，收藏过一台蔡司赤道仪天文望远镜。这台望远镜的赤道仪很独特，赤经盘和赤纬盘真的是两个盘子状的结构，镜筒是内调焦的，整组镜片可移动。

另一位则为民间某知名天文社团的创办者，他在 20 世纪 80 年代就使用过蔡司的天文设备，并且多次亲手操作过蔡司的小天文望远镜，并对那种顺畅、结实的感觉记忆犹新。

在灰白时代，蔡司公司最著名的作品就是"望远镜大师"（Telementor），这款望远镜的传承性非常好，从 20 世纪 40 年代一直流传至 20 世纪 90 年代，版本几经变化。据资料记载，这款望远镜的原型来自 1949 年一个叫 AS 63/840 的型号。这是一款中端折射式天文望远镜，其口径为 63mm，焦距为 840mm，光学设计上采用了两片式普通消色差。在光学设计上，蔡司绝不马虎，AS 63/840 使用了著名的施坦奈尔式设计（Steinheil），玻璃分别采用 KzFN2 和 BK7 两种型号。要知道，KzFN2 玻璃在后来的很多望远镜中都享有盛名，号称萤石的绝配，比如高桥望远镜，这些贵族化的望远镜都采用了这款玻璃，可见这种玻璃不便宜。

虽然 AS 63/840 只是两片普通消色差设计，但由于搭配了 KzFN2 和 BK7 这两种玻璃，实际上已经达到了半复消色差的效果，而这个型号中的 AS，指的是天文特殊物镜（Astro-Spezialobjektiv）。AS 63/840 在严格意义上是金色时代向灰白时代过渡时期的作品，这款望远镜在 20 世纪 70 年代初停产，取而代之的就是前面提到的"望远镜大师"。"望远镜大师"在玻璃配方上，只采用了经典而简单的 BK7/F2（两种玻璃）的组合。

"望远镜大师"有三代产品，整体设计上非常相似，都采用了沉重的木质三脚架——这个三脚架更像是工程用经纬仪所用的装置，然后配合灰蓝色的赤道仪和灰色的镜筒。在细节装置上，这三代产品稍有不同。在寻星镜的配置上，第一、二代产品使用了准星装置，也就是通过两个带洞的铁片完成找星的工作，这是一种不借助光学镜组，相对原始的找星方式。到了第三代产品，寻星镜才成为标配。另外一个较大的不同是对焦方式，第一代产品用的是后端调焦座，前镜组保持不动，第二代和第三代产品改为了移动前镜组的内调焦方式。另外，旋钮的种类也发生过变化，比如早期使用黑色螺栓，后期变成了红色的旋钮。在之后的几十年中，这三代产品的细节一直在改变，但灰白时代的色调一直保持到了 20 世纪 90 年代中后期。

蔡司"望远镜大师"

玩镜者说

在中国很多玩家心中，蔡司光学是顶级的。但在小天文望远镜爱好者中，用过蔡司设备的玩家极少，藏家更少。玩家公认的蔡司小天文望远镜特点是：产品非常厚重，比如，其 63mm 口径的望远镜，虽然是小口径入门望远镜，但做工用料实在，镜筒壁厚，调焦手感也颇佳。相比而言，如今的 60mm 口径望远镜都已经玩具化了。良好手感和舒适操作体验的代价往往是重量——这是生产厂家需要平衡的事情。一些老型号的蔡司望远镜的目镜部分是没有顶丝的，完全靠阻尼将目镜"吸住"，这体现了蔡司对自己产品在做工方面和设计方面的信心。

最小的校园天文望远镜——波兰的 PZO

中国各大城市都有旧货市场，那里往往是收购旧仪器的好地方——其中大部分是国产的显微镜设备，如江南、重庆光学、浑江等，只有少数国外进口设备，比如蔡司、徕兹、尼康、奥林巴斯这些大众较为熟悉的光学品牌，也有 Meopta、PZO 这些大众较为陌生的品牌。

在欧洲占有一席之地的光学仪器厂家除了德国品牌，还有英国与法国的光学仪器品牌，而且在小天文望远镜的金色时代，英国、

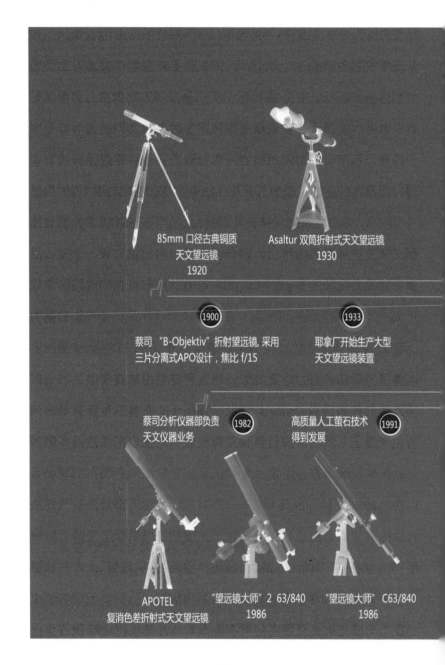

85mm 口径古典铜质
天文望远镜
1920

Asaltur 双筒折射式天文望远镜
1930

1900
蔡司 "B-Objektiv" 折射望远镜, 采用
三片分离式APO设计 , 焦比 f/15

1933
耶拿厂开始生产大型
天文望远镜装置

蔡司分析仪器部负责
天文仪器业务
1982

高质量人工萤石技术
得到发展
1991

APOTEL
复消色差折射式天文望远镜

"望远镜大师" 2 63/840
1986

"望远镜大师" C63/840
1986

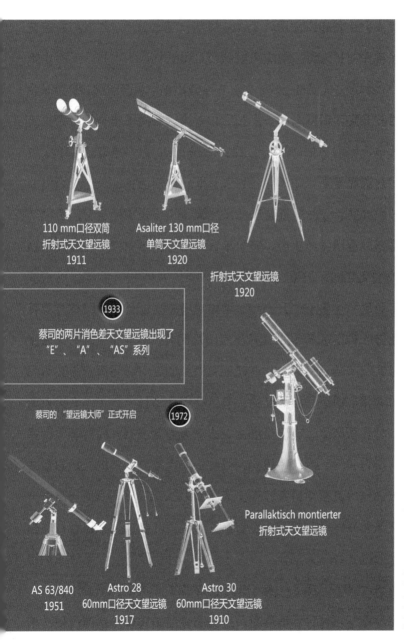

110 mm口径双筒
折射式天文望远镜
1911

Asaliter 130 mm口径
单筒天文望远镜
1920

折射式天文望远镜
1920

1933

蔡司的两片消色差天文望远镜出现了
"E"、"A"、"AS" 系列

蔡司的 "望远镜大师" 正式开启

1972

Parallaktisch montierter
折射式天文望远镜

AS 63/840
1951

Astro 28
60mm口径天文望远镜
1917

Astro 30
60mm口径天文望远镜
1910

蔡司小天文望远镜发展历程

法国才是真正的霸主。东欧也有一些拥有雄厚光学实力的仪器厂，比如捷克斯洛伐克的 Meopta 光学厂（如今在捷克共和国）。Meopta 光学厂于 20 世纪 30 年代建立，以生产显微镜闻名，其产品做工精美、配件复杂，与徕卡、蔡司等名厂相比也并不逊色。不过，Meopta 这个品牌并没有生产过专门的天文望远镜，只在 1962 年出产过一批单筒正像望远镜，用于观看射击类体育比赛的靶环成绩，这类望远镜被称为观靶镜，我们并未将观靶镜列入本书中。与其类似的还有波兰的 PZO，PZO 是波兰光学制造厂（本书简称其为 PZO），建厂时间与 Meopta 接近，其产品种类还涉及民用工业和军事工业。

但极少有人知道，PZO 也做过天文望远镜，且只做过一款。1958 年，PZO 的贾努斯·洛扎克和贾努斯·尼耶维亚多姆斯基两位光学设计师设计了一款口径 70mm、焦距 765mm 的天文望远镜，采用了当时较为先进的马克苏托夫 - 卡塞格林光学设计，配置了 15mm 和 8mm 两个银白色的金属小目镜，从而达到了 50 倍和 92 倍的放大效果。让我们看一下同时代类似的小天文望远镜的制造情况——20 世纪 50 年代，美国 Questar 公司以改进了马克苏托夫 - 卡塞格林望远镜为傲，并凭借精美的设计和高精度，将这种短小精悍的光学设计发挥到了极致。除此之外，没有哪个厂专注于这种光学设计的望远镜了。

马克苏托夫 - 卡塞格林望远镜是一种独特的折反射望远镜设

计。折反射望远镜在 20 世纪三四十年代开始大发展，主要目的是利用折射镜制作改正镜，并将反射镜作为成像主镜，让望远镜成为超大视场的天文望远镜，也可以理解为天文望远镜中的超广角镜。当时主要的设计有两种，一种是德国光学家施密特研发的施密特式望远镜，透射改正镜采用高次曲面，磨制难度颇大。另一种是苏联光学家马克苏托夫研发的马克苏托夫式望远镜，透镜是几乎零曲率的弯月镜，但其需要非常厚才能达到效果。这两种望远镜的焦平面都在镜筒内，都属于摄影专用的设备。

当年世界最小的马克苏托夫-卡塞格林望远镜，该望远镜是为学校天文观测设计的，后端配有太阳投影描绘附件

图片来源：PZO 天文望远镜说明书

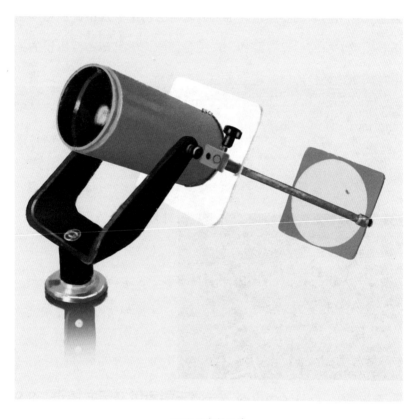

PZO 天文望远镜

不过，在结合了卡塞格林式设计后，折反射天文望远镜的理念和用途都发生了巨大变化。卡塞格林式设计的理念是利用两块反射镜，将光路引到镜筒尾端，并将主镜开口导出。两块反射镜组合，可以有效优化成像，又改变了光路。于是，当施密特式或者马克苏托夫式望远镜与卡塞格林设计结合，就成了拥有 3 个成像单元的马卡望远镜和施卡望远镜。而这类望远镜的理念也发生了变化——短镜筒折叠光路、优化像质成了其主要目的。而这个目的，特别适合制作天文爱好者使用的小天文望远镜。

PZO 的这款马卡望远镜就是这样，它是利用了当年先进理念制作的学校用天文望远镜。这可能是世界上最小的学校用天文望远镜——大小和一个保温杯差不多。PZO 的这款望远镜用料十分厚重，镜筒用了很厚的金属材料，目镜用了全金属加上电镀的工艺。支撑系统虽然简单，但兼顾了手感和牢固性，有些望远镜即使用了六七十年，依然顺滑如新。考虑到学校的实际使用情况，该镜还在望远镜的旁边开了一个小孔，可以安插一个转配的太阳投影板，用来描绘太阳黑子。这款望远镜虽然小，但功能齐备，一个学校只要有这样一个小马卡望远镜，就可以完成很多天文教学实践。可以想象一下，一堆波兰中学生围在小望远镜周围，描绘着太阳黑子，这在 20 世纪 50 年代，是多么幸福的一件事。

PZO 的小马卡望远镜产量并不大，但直到 20 世纪 80 年代，依然在一些天文杂志上刊登售卖广告。早期，这款望远镜的外漆为淡土黄色，后期呈现出带有凹凸感的深银灰色，自始至终，都秉承了灰白时代的设计理念。

来自新西伯利亚——苏联 TAL 天文望远镜 Alcor

在 20 多年前的北京，喜欢看星的人们开始结伴出行，他们除了谈论观星技巧，交流器材也是少不了的。当时，一个消息在这些人中悄悄传开：北京的某旧货市场上出现了一台苏联时期生产的 TAL-1M 型天文望远镜，配有电动赤道仪，成色不错，开价 3000 元。3000 元在 20 世纪 90 年代中期，不是一笔小钱，相当于一个普通人一年的工资，或是一大件高级家电的价格。但在望远镜的圈子里，这似乎并不贵，因为同款望远镜的全新品，在北京某门市部售价高达近万元。

20 世纪 80 年代末到 90 年代初，是俄制天文望远镜在中国的黄金年代。买不起蔡司、威信或者日野的产品，又想获得一款电动赤道仪全功能望远镜，又不想限于当时的国产货，俄制天文望远镜似乎是一个不错的选择：厚重、敦实、耐用又稍显粗糙。然而，俄制天文望远镜只在国内流行了那么几年，之后便再难得一见。

苏联的天文爱好者是一个有趣而独特的群体，从历史记录上不难看出，比起购买现成的天文望远镜，他们更愿意自己磨制并搭建设备——当然，在那个年代，他们也很难购买到其他国家的量产天文望远镜。自己动手这一特点让苏联天文爱好者具有卓越的技术和超常的胆量，在 20 世纪六七十年代，他们自行磨制口径 300mm 以上的反射镜，已经不是什么新闻。其中比较知名的是在新西伯利亚，有个天文爱好者俱乐部，这个俱乐部的成员各个身怀绝技，其中一名佼佼者叫锡克鲁克，虽然他本人是个电影导演，却酷爱天文。他在俱乐部的 16 年中，带领学生们磨制了一百多台口径 315mm 的天文望远镜，并且开发出一些新型的天文观测设备，比较知名的是一台 R-C 式天文望远镜（又称里奇 - 克莱兹式天文望远镜），新设计的光路让目镜位于望远镜一侧，而不像传统的 R-C 式天文望远镜那样位于望远镜尾端。

新西伯利亚是孕育苏联小天文望远镜的地方。与之相比，基辅光学制造厂、明斯克光学工厂等厂家确实更加有名，但并没有资料表示它们生产过为天文爱好者服务的小天文望远镜。泽尼特光学厂虽然生产小天文望远镜，不过也是近些年的事了。在新西伯利亚，开展这项业务的只是一个普通的仪器制造厂。新西伯利亚仪器制造厂成立于 1905 年，为苏联制造火炮瞄准镜。第二次世界大战后，这家工厂开始为民用市场生产产品，而我们前面提到的那位自己带学生磨望远镜的锡克鲁克，就与该厂合作开启了新的项目——试制小天文望远镜。

新西伯利亚仪器制造厂从 1973 年开始就计划生产天文望远镜，

但是这个计划被搁置了许久，因为他们吃过亏——在马克苏托夫时代，学校用的小天文望远镜是列宁格勒仪器厂生产的，而光学企业制作天文望远镜的尝试也没有成功过。当时，制造厂的工程师们知道，为了获得可接受的图像质量，必须对光学元件进行高质量的加工，所有技术都要更为精湛，经过讨论，厂长戈鲁希查克决定认真对待此事。

然而，开发工作是漫长的，第一款牛顿系统的研发长达 6 年。开发者不仅要克服技术问题，还要克服工厂工人的怀疑态度——他们不相信工厂能做出天文望远镜。望远镜的第一张草图由锡克鲁克亲自完成，1979 年，第一批 TAL Alcor 望远镜出厂，以 135 卢布的价格出售。这个价格在当时并不低，相当于工程师一个月的平均工资。令人高兴的是，这批望远镜很快就售罄，于是工厂铆足干劲，至今仍在生产各种型号的小天文望远镜。

我们再来回顾下 1979 年的那款 65mm 口径的小牛顿望远镜 Alcor，它采用金属中央立柱支撑，中央立柱可被拆成底座和两个立柱，共 3 个部分。调节部分采用经纬台设计，但经纬台都带旋钮式微动，镜身细长呈现灰蓝色，是典型的灰白时代的风格。整个望远镜并没有安装寻星镜，采用的还是瞄准环的方式。这款望远镜做工扎实精巧，使用起来手感顺滑，独特的结构让其在寻找目标时毫不费力。整个望远镜被放在一个厚重的木箱中，还配有各种零件——想想当年苏联人花一个月工资，就能抱着望远镜回家看月亮，这得多高兴呀。

当年那台出现在北京旧货市场的天文望远镜，最后被北京一位资深爱好者买去，并视若珍宝，让朋友们很是眼红。如今这类望远镜在国内已经很难见到，前些年，一位前往俄罗斯参加国际天文奥赛的中学生获奖归来，连同奖牌一起带回的，还有一台小型赤道仪牛顿反射式天文望远镜，即便不看铭牌，也能一眼认出这个望远镜的品牌——TAL。

20 世纪 50 年代到 20 世纪 90 年代，这种灰色的风格代表了一种审美，也是一种理念。天文爱好者们，再小的望远镜，也是一台精密的仪器，请用心开启你们的发现之旅吧！

玩镜者说

在中国天文望远镜玩家中，有两部分人曾经使用过苏联时期或俄罗斯时期生产的 TAL 天文望远镜，一部分是以哈尔滨为代表的东北天文爱好者，直至如今，依然有各种型号的 TAL 天文望远镜在东北市场上出现。另一部分是北京地区的一些爱好者，他们在 20 世纪 90 年代中期购买过 TAL 天文望远镜，当时 TAL 天文望远镜售价极高，而此镜在当时已经是不可多得的器材，由于其重锤附近有照相机安装接口，所以还可以当作星野赤道仪使用，其跟踪精度尚可，但只有单倍速可用。

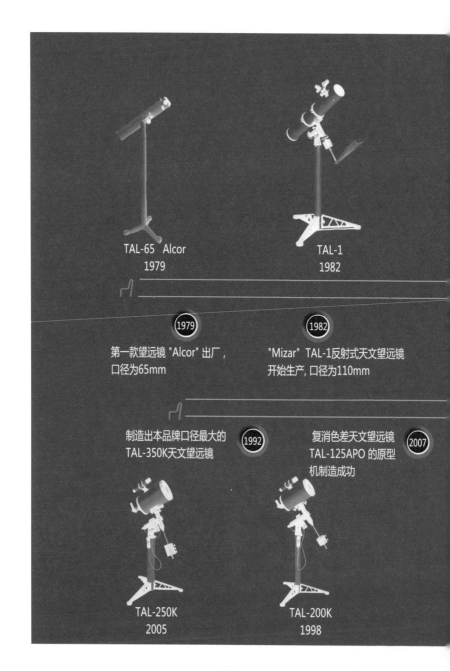

TAL-65 Alcor
1979

TAL-1
1982

1979
第一款望远镜 "Alcor" 出厂，口径为65mm

1982
"Mizar" TAL-1反射式天文望远镜开始生产，口径为110mm

制造出本品牌口径最大的 TAL-350K天文望远镜
1992

复消色差天文望远镜 TAL-125APO 的原型机制造成功
2007

TAL-250K
2005

TAL-200K
1998

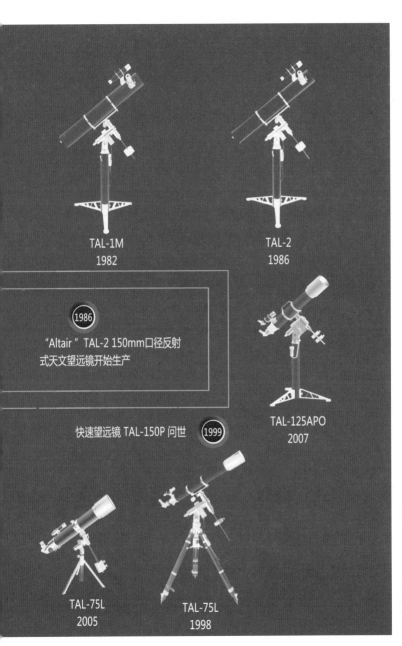

TAL-1M
1982

TAL-2
1986

1986

"Altair" TAL-2 150mm口径反射
式天文望远镜开始生产

快速望远镜 TAL-150P 问世　1999

TAL-125APO
2007

TAL-75L
2005

TAL-75L
1998

TAL 小天文望远镜发展历程

111

第 3 章

彩色时代

黄昏时的金星明亮得让人吃惊，它似乎不是一颗星，而是遥远的一座灯塔。天边的晚霞从粉红到橙黄，周围的天空是蓝色的，几颗亮星在头顶闪烁，还有些明亮的光点在走动，那是各种人造航天器。自从航天时代开启，天空中这些移动的光点就开始吸引天文观测者的目光了，而想要涉足业余天文的人也开始多了起来。美国、日本的业余天文爱好者有数十万之多，而在如今的中国，达到乃至突破这个数字也只是早晚的事情。业余天文爱好者的增多，再加上每个人都有不同的偏好，这意味着小天文望远镜的需求量增大，并且需要进行更细致的划分。

3.1　大口径的角逐

"1975 年 2 月 5 日，猎户座大星云 M42，使用星特朗 35.6cm 口径的望远镜，主焦点拍摄"。

"1976 年 6 月 3 日，木星，使用星特朗 35.6cm 口径的望远镜，卡塞格林焦点拍摄，有红斑"。

"1976 年 7 月 3 日，木星，使用星特朗 35.6cm 口径的望远镜，卡塞格林焦点拍摄，视宁度极好"。

这是一组拍摄于 20 世纪 70 年代的天体摄影底片外包装上的记录，拍摄者用常见的 135 全画幅胶片进行拍摄。拍摄者非常细心，把每一卷胶片冲洗出来，然后按照天体类型裁剪成条状，再套上硫酸纸制的口袋进行保护。更加有心的是，拍摄者还在口袋上注明了拍摄的天体、所用器材、参数等信息。从详尽的记录中我们不难看出，西方天文爱好者早在 40 多年前就已经开始使用 36cm 口径的望远镜进行天体摄影了。20 世纪 80 年代到 21 世纪初，国外的天文爱好者使用的天文设备已经颇具水平，这让国内很多同好羡慕不已。那些让人眼花缭乱的设备器材和美丽的天体摄影照片，成了很多国内天文爱好者追求的梦想。

镜片供应商

1951 年，天文爱好者托马斯·卡夫（Thomas R. Cave，中国天文爱好者对其望远镜品牌名 Cave 更为熟悉，故本书统一使用 Cave 替代中文译名）收到邀请，到威尔逊山天文台进行观测，而天文台也允许他使用专业望远镜进行目视观察，这可不是谁都有资格的。Cave 是当时著名的天文爱好者，尤其以目视观测火星见长。在那个年代，专业天文学家和业余天文爱好者是非常好的合作伙伴。当时，Cave 使用了 152cm 口径和 254cm 口径的两台望远镜进行观测。幸运之神眷顾了 Cave，那天夜晚的天气非常好，尤其是视宁度奇佳（视宁度是天文观测中的一个重要指标，可以理解为大气层的宁静程度，大气越宁静，其对天体图像的影响就越小，观测者就能看到更加丰富且锐利的天体细节）。Cave 为了得到更高的倍率，采用了焦距最长的折轴焦点，这样一来，望远镜的倍率最高达到了 3000 倍。由于当时的视宁度极好，眼前的火星让人有一种身临其境的感觉。Cave 高兴得手舞足蹈，甚至忘记了拍照。

其实在 1949 年，Cave 就已经制造了一台 32cm 口径的反射式天文望远镜，这在当时的天文爱好者中是件很了不得的事情。1950 年，Cave 成立了自己的望远镜公司，即后来的 Cave 公司。

因为主打目视观测，Cave 公司专门生产大型反射式天文望远镜，主要产品就是 20.3cm、25.6cm 和 31.8cm 口径的设备。然而在支撑部分，这个系列的望远镜只能使用简易的中央立柱德式赤道仪，这使得这批设备难以用于摄影。由于大望远镜的重量容易让人望而却步，Cave 减轻了大望远镜的重量，并制作了易于搬运的附件，比如给赤道仪安装上轮子。

对于星云、星系等天体的目视观测，口径是最为重要的因素，这样一来，牛顿反射式天文望远镜便成了最佳选择，现在我们用的道布森望远镜大多是这种光学结构。但与如今的望远镜不同，70 年前的大型牛顿反射式天文望远镜还做不到焦比更明亮，比如当时 318mm 口径的望远镜焦比是 $F/11.0$，而现在的大型望远镜焦比可以做到 $F/4.5$，甚至更大。这在当时带来了两方面的问题：一方面是当时光线相对暗弱，远达不到如今我们使用专用目视望远镜观看天体的效果；另一方面，对于牛顿望远镜而言，它们的目镜被安置在镜筒前端，因此使用大型长焦距牛顿反射式天文望远镜观察需要借助梯子。据有些当年 Cave 望远镜的使用者回忆，如果想用一台 318mm 口径的 Cave 牌牛顿反射式天文望远镜看天体，那么你必须配备一个将近 4m 的梯子。

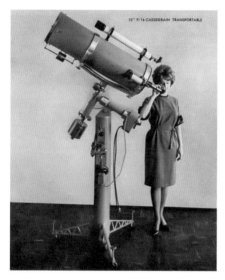

虽说女士在天文爱好者圈内属于少数，
但望远镜广告通常少不了她们。
Cave 的 ASTROLA 系列是当时大口径望远镜的代表，
其中央立柱和稳固的三角支撑都是其设计的特点
图片来源：Cave 望远镜广告页

挑战 406mm 口径

Cave 称霸美国大型反射式天文望远镜市场长达 30 年，1979年，Cave 本人卖掉了这家公司，一方面是觉得自己身体每况愈下，另一方面是他感受到了来自星特朗这些折反射天文望远镜厂家的压力。据统计，在这 30 年中，Cave 卖掉了 16000 台反射式天文望远镜，并为其他厂商提供光学镜片，卖出的反射镜面总数达 80000 块。在追求大口径的路上，Cave 一往无前。虽然有不少使用者一直抱怨 Cave 望远镜实在太大、太沉了，很多组件安装起来极其困难。当然，Cave 自己也知道这一点，但大望远镜的效果是其他望远镜无法替代的。他所能做的，就是在广告上加一位身材娇小的女士，显得这台望远镜并没有那么巨大。在 20 世纪 60 年代，另外一家望远镜厂做了一个出人意料的尝试，这家望远镜厂就是克拉夫特斯曼光学。

克拉夫特斯曼（Craftsmen）光学的产品和 Cave 的产品思路颇为相似，但也更加冒进。1968 年，他们做了一款 406mm 口径的望远镜：这是一台 406mm 口径的卡塞格林反射式天文望远镜，巨大的美国叉臂式电动赤道仪让这个大家伙不仅可以用于目视，还可以做 $F/5$ 和 $F/20$ 两种焦比的天体摄影。最神奇的是，这台望远镜被安装在一辆三轮车上：两个大轮子支撑赤道仪和望远镜主体，另外一个小轮负责调节方向便于拖走。当然，这个大家伙的价格也相当惊人——10950 美元！这在当时可以买下一辆雪佛兰汽车。

新巨头在酝酿

20 世纪 50 年代，一家名为瓦隆电气（Valor Electronics）的新

克拉夫特斯曼的 406mm 口径的望远镜，
为了增强可移动性，赤道仪下方安装了巨大的轮胎
图片来源：克拉夫特斯曼望远镜广告页

电气公司在美国成立了，它专为航空航天市场制造电子元件。这家公司的老板汤姆·约翰逊为他的两个儿子置办了一台牛顿反射式天文望远镜，可当时的望远镜大而沉重，搬运起来非常不便，于是他开始着手制造一种相对紧凑、便携的天文望远镜。最开始这只是他的一个兴趣，没想到，后来居然成了公司的主营业务之一。

紧凑型天文望远镜，这个命题在 20 世纪 50 年代似乎只有一种方案，那就是折反射望远镜，比如施密特 - 卡塞格林式或马克苏托夫 - 卡塞格林式折反射望远镜。当时，高端品牌 Questar 已经制作出了昂贵、精致的马克苏托夫 - 卡塞格林式折反射望远镜，且一举成名。相比而言，施密特 - 卡塞格林式折反射望远镜工艺更为复杂，因为它的第一片玻璃是 4 次曲面的非球面改正镜，制作极为困难，通常只有专业天文望远镜才会使用。而约翰逊发明了一种新方法——"高精度匹配法"，从而实现了上述折反射望远镜中镜片的批量生产，大大降低了成本，使原本专业天文望远镜才能用到的光学镜片，进入到寻常百姓家。后来众人皆知的望远镜品牌星特朗（Celestron）就是使用"高精度区配法"来制造望远镜。

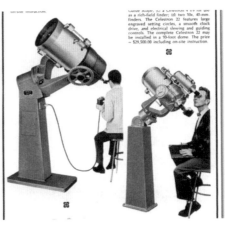

星特朗早期作品，口径达到 559mm 的施密特-卡塞格林望远镜
图片来源：星特朗望远镜广告页

与一般的望远镜厂家不同，20 世纪 60 年代，星特朗专注制作大型小天文望远镜，面向的客户主要是政府和工业厂商。据资料显示，它生产过口径为 559mm 的施密特 - 卡塞格林望远镜，这绝非一般天文爱好者消费得起的。1970 年是星特朗公司极为重要的一年，它于当年推出了第一台高质量便携式的大口径施密特 - 卡塞格林望远镜——C8，一款拥有 203mm（8 英寸）口径的折反射天文望远镜，相信如今的天文爱好者对这个型号也不会陌生。一年后，星特朗公司又推出了 C14——356mm（14 英寸）口径的折反射天文望远镜，并且有配套的叉臂式赤道仪装置。至此，在望远镜大口径的角逐中，折反射天文望远镜正式加入了进来。

你好，道布森望远镜

1915 年，一个美国男孩在中国出生了，他就是约翰·道布森。1927 年，他和父母回到美国旧金山，后来从加州大学伯克利分校毕业，再之后，他出家为僧，成为一名印度教僧侣。寺院中的生活清苦，但对道布森来说，这却是一笔财富。据说他经常逃出寺院，去进行另一种修行——窥视星空。20 世纪 50 年代，在美国第一次业余天文浪潮来临之时，道布森也对天文产生了浓厚的兴趣，他在废品店东拼西凑，制作了一台小望远镜。1956 年，他找到了一块舷窗玻璃，于是开始自己磨制镜片。很快，他就用各种简便的方式制作出一批"大"望远镜，并且给自己的每一台爱镜都起了名字——小伯莎、飞燕草、小个子等，听上去都很可爱，其实这个"小个子"，是一个口径为 457mm 的巨型小天文望远镜。

当时，这些大个头望远镜有一个难题——应该采用什么样的支撑系统。传统的赤道仪价格高，工艺复杂，稳定性并不占优势。而道布森采用的策略是将支撑系统简化：第一是放弃赤道仪，采用地平经纬仪式的结构，这样支撑系统载重更佳；第二是放弃三脚架，因为牛顿反射式天文望远镜的目镜在镜筒前端，去掉三脚架后高度更适合观测者使用，而且避免了三脚架的不稳定问题；第三是简化经纬仪，高度角调节采用叉臂式，方位角调节采用圆盘式，都可增加稳定程度。早期，道布森的设计并不被传统天文爱好者接受，他们认为这种方式精度低，无法满足天文观测的需要。但不久，这种设计的优势就显现出来，利用道布森式支撑的大型牛顿反射式天文望远镜有了其独特的领域——目视观测。

20 世纪五六十年代，天文爱好者的目视观测目标主要是月球和行星，还有一些双星和星团。那些漂亮的星云和星系，只有经过长时间曝光，才能在照片中看到。然而大口径的牛顿反射式天文望远镜突破了传统认知，因为大口径望远镜收集光线的能力要远远强于小口径望远镜。比如一台 203mm 口径的望远镜，它收集光线的能力是 102mm 口径的望远镜的 4 倍，人们终于有机会亲眼看一看以前只能在照片上看到的景象。

经典的道布森式设计，主镜位于一个木箱中
图片来源：望远镜广告页

这种诱惑是巨大的，20 世纪 80 年代，终于有一家望远镜厂（Coulter 光学公司）采用了道布森的设计，制作出世界上第一台量产道布森望远镜——奥德赛。Coulter 光学公司 1967 年发迹于美国加利福尼亚州，早期，公司着重开发便携式的小天文望远镜。在 Coulter 光学公司的产品中，有一个型号为 Coulter CT-100 的奇怪望远镜。它是一款牛顿式望远镜，但望远镜被拆成 3 部分：主镜面，副镜和目镜，以及连接主镜面和副镜的一块金属板。CT-100 被定义为一款便携式天文望远镜：焦距 377mm、口径 108mm、焦比只有 F/3.5。这个参数在今天看来，也是个焦比明亮的牛顿反射式天文望远镜。小口径、短焦距，加上独特的设计，让这个望远镜可以被装在一个小皮箱里随身带走。而在光学方面，比起当时的折反射便携镜，这款望远镜的焦比具有很大优势，价格也便宜很多。

CT-100 在 1980 年就停产了。Coulter 光学公司发现他们一直想要的便携式望远镜其实就是道布森式设计。小型牛顿反射式天文望远镜纵使再便携也不够有噱头，这一点远不如大型道布森望远镜实在。不过从 CT-100 到道布森望远镜我们可以看出，Coulter 光学公司咬定要坚持简便型望远镜的路线。第一款 333mm 口径的奥德赛在 1980 年进入市场，售价仅为 500 美元，这打破了当年的望远镜格局，从此开启了一个新时代。

Coulter 光学公司的道布森望远镜——奥德赛系列
图片来源：Coulter 光学公司望远镜广告页

　　20 世纪 80 年代的第一批道布森望远镜和现在我们所用的设备相比，也有一些不同。Coulter 光学公司最早出产的奥德赛 1 号道布森望远镜被戏称为蓝箱子，这个描述很形象，它的主镜部分方方正正，前端则变成了圆筒状。最先出产的版本是 333mm 口径的蓝箱子，价格仅为近 300 美元，后来涨到了 500 美元。随后推出的奥德赛 2 号口径达到了 432mm，接着推出的就是当时世界上口径最大的小天文望远镜，奥德赛 29——口径 737mm（29 英寸）的道布森望远镜。很难想象，在 20 世纪 80 年代初，谁能有实力拥有一台私人的 737mm 口径的望远镜。事实上还真有人掏了腰包，不过大多是只购买 737mm 的镜片，并没有购买望远镜整体。因为买整体的话，需要支付 3500 美元。

1985 年，Coulter 光学公司又推出了新款的奥德赛，红色的圆筒款。红色款分为 203mm、254mm、333mm 和 432mm 4 种口径，都是焦比更明亮 $F/4.5$ 的设计。到了 20 世纪 90 年代初，Coulter 光学公司又推出了焦比更暗的 $F/7.0$ 系统，目的是加强行星观测功能。在整个奥德赛系列中，333mm 口径的版本最受欢迎。从 20 世纪 80 年代起，天文爱好者中的目视派手中有了利器，看到的东西也瞬间丰富了起来。国外某资深天文爱好者曾经回忆，当他拥有了奥德赛 1 号后，看过几个类星体，找过几个超新星，还有银河系外的星团。

随着道布森望远镜的推广，Coulter 光学公司的日子却没有越来越红火，因为其他厂商也纷纷效仿推出类似产品。后来，早期执掌 Coulter 光学公司的总经理史蒂文·默多克去了米德公司，所以道布森望远镜又一度成了米德的天下。1995 年，Coulter 光学公司的天文望远镜停产，相关业务卖给了佛罗里达的默纳汉公司，这个公司改进了奥德赛，又卖了几年。大约在 2001 年，默纳汉公司也停止了奥德赛的业务，一个时代的开创者就此落幕。然而就全世界而言，2010 年之后，随着中国天文爱好者开始大量使用道布森天文望远镜，道布森天文望远镜才算迎来了它真正辉煌的时代。

3.2　小而精致

中科院云南天文台可谓中国仅存的"老式天文台"。说它老式，是指其办公大楼和众多观测望远镜都一起设立在昆明东郊的凤凰山之上。而中国的大多数天文台都早已将二者分开——办公地点在城市中，观测站在遥远的山头。如今的云南天文台中保留了中国不同时代的天文建筑和天文设备，单从天文台的老照片中，我们就能找到不少惊喜。在一次整理云南天文台 20 世纪 80 年代拍摄哈雷彗星装置照片的工作中，我们就发现了一些有趣的仪器——这些仪器大多数色调灰暗，是典型的科研仪器风格，只有一台设备卓尔不群，拥有宝蓝色和银色交替的闪耀镜身，似一颗宝石般耀眼夺目。后来，在天文台工作的老先生告诉我们，这是当时使用的一台从美国进口的特殊望远镜，专门用于辅助摄影，它就是 Questar。

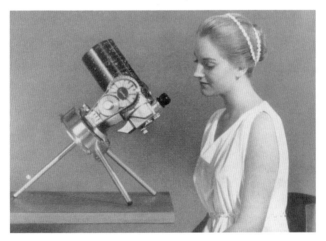

天文爱好者利用 Questar 望远镜拍摄日全食（上左图），
Questar 望远镜的广告，尽显其精致的特点（上右图、下图）
图片来源：Questar 望远镜广告页

自带星图

热爱艺术和追求完美的人，如若也爱上了天文学，将会是一件非常了不得的事情。20 世纪 40 年代末，住在美国宾夕法尼亚州巴克斯郡索莱伯里的职业画家劳伦斯·布雷默就是这样一个爱好天文的人，出于对美和精致的追求，他对当时业余爱好者手中天文望远镜的设计颇为不满。于是在 1948 年，他设计了一款小天文望远镜，并申请了专利，这就是后来名满世界的 Questar。

其实从今天的角度来审视当年的光学设计，Questar 并无长处，但在当时却是一个创举——布雷默引入了便携式天文望远镜的概念。为了让镜筒尽量紧凑，他理所当然地选择了马克苏托夫 - 卡塞格林结构，并没有选择施密特 - 卡塞格林结构，这是因为当时制作非球面改正镜的成本太高，而弯月形的马克苏托夫改正镜便宜很多。在这个设计的基础上，布雷默做了一个改进，即在改正镜的后面镀上铝膜，并把这种设计叫作 Spot-Maksutov 设计。今天我们看到的不少两片式马克苏托夫 - 卡塞格林望远镜，其实就是这种望远镜设计的后续产品。

Questar 89mm 口径望远镜的内部光路设计

图片来源：20 世纪 70 年代 Questar 的广告页

　　1954 年，布雷默推出了第一款产品，一台桌面式的 89mm 口径的小天文望远镜。该镜得到了广泛赞誉，因为这个望远镜的设计和做工实在让人叫绝。20 世纪 50 年代，小天文望远镜还处于灰白时代和黑白时代，而 Questar 的设计理念在如今看来依然十分超前：小巧的镜身用宝石蓝色、银白色、红色作为主要色调，宝石蓝色寓意神秘的夜空，银白色使其具有奢侈品的感观。镜筒分为两部分，一部分雕刻星空图，另一部分雕刻月面图，这两部分不仅仅是装饰，还有实用属性。以星图镜筒为例，上面大约雕刻了 340 颗恒星，并用 6 种尺寸来表示 6 个不同的星等。每个星座中 3 颗最亮的恒星标注了希腊字母，当转动镜筒时其可以与地球的自转相匹配，从而得到当前星空的模样。为了方便不同地点的使用者，镜筒上还雕刻有准确的赤经赤纬刻度。在使用中，只需将这台望远镜指向南方，观测者就可以通过镜筒上的星图来识别恒星。据说因为其有着很好的反差效果，所以即便在光线暗淡的环境中，观测者也能识别出镜筒上的星点。至于第二部分镜筒，也就是雕刻月面图的那一层，使用起来更简单，因为镜筒的雕刻部分是可以转动的，也就是说月球正面的任意位置都可以在镜筒上方便地找到。

奢侈品

Questar 望远镜的支架系统为银白色，以叉臂式电动经纬仪为支撑，经纬仪下有三腿支架，调节后可以变为叉臂式赤道仪装置。天文观测本来是一件苦差事，但 Questar 公司想让大家更加享受这一过程，这就需要做很多细致而未必可见的工作，如何保证调焦装置、微动装置的阻尼手感，如何在观测中减少调节、减少拆换等。

Questar 望远镜中有不少这方面的改进尝试。比如后端的双光路设计，一条光路用于目视观测，另一条光路用于照相机拍照，两条光路可以自由切换。为了防锈，这台望远镜采用了不锈钢材质，并且使用了昂贵的高级螺钉。

Questar 和它精致的手提皮箱，以及与百佳单反相机的组合
图片来源：Questar 望远镜产品使用手册

Questar 望远镜

Questar 望远镜还可以被装在一个小巧的皮箱中，完全没有同时代望远镜的那种粗笨感。为了与精致的设计相匹配，Questar 望远镜的广告也是按照奢侈品的风格制作的。广告中仙子气质的女郎手里提的就是 Questar 望远镜。若说高桥制作所是把望远镜做成工艺品，那么 Questar 公司就是把望远镜做成了奢侈品。

分道扬镳

1976 年，一直运转良好的 Questar 公司换了总裁，原总裁施内克卸任，道格拉斯·奈特博士成为新总裁，奈特新官上任三把火，开始进行管理层改革，一批原来的管理层忍受不了新的制度纷纷离开公司，其中就包括罗伯特·理查森。理查森找到施内克，俩人准备联合创立一家新公司——光学技术公司，公司位于宾夕法尼亚州纽顿市，距离 Questar 的宾夕法尼亚州工厂大约 16km。

新成立的光学技术公司开始着手研发一款名为 Quantum 的小天文望远镜。有趣的是，Quantum 望远镜的制造理念和设计与 Questar 如出一辙，而理查森最初的想法也是照搬 Questar 的理念，然后进行优化，从而解决 Questar 最致命的问题：因成本过高而导致价格昂贵。这两家公司都采用了优质的 BK-7/BSC-1 玻璃做改正

Quantum 望远镜与 Questar 望远镜有几分神似
图片来源：Quantum 望远镜广告页

镜。不过 Quantum 给消费者提供了不同的选择，用户可以选择镀铝镜，也可以选择高透射镀银镜，如果提供镀银光学元件，则在望远镜序列号后缀上字母"C"。Questar 望远镜则是为消费者提供玻璃镜面或者石英镜面的选择，后者在热膨胀方面的问题上解决得更好。从镜面精度上看，二者都达到了 1/20 波长的量级，这个工艺是顶尖的。在价格上，Quantum 的产品价格要低一些。那么，到底是选老牌的 Questar，还是选新秀 Quantum 呢？20 世纪 70 年代末，Quantum 望远镜的销售量达到了顶峰，但这只是表面现象。据估计，每卖出一台 Quantum 望远镜，该公司就会损失 200 美元。到 1980 年，该公司已经支撑不下去了，只好关张大吉。从 1976 年到 1980 年，Quantum 望远镜只卖了不到 5 年。

50 年纪念

2004 年，Questar 推出了 50 年纪念版的 89mm 口径马卡望远镜，我们不难看出它的设计亮点：金属拉丝镜筒，雕刻星图和月面图；50 周年纪念的特殊标志；光学部分采用石英镜面和 BK7 改正镜，全口径太阳滤镜；Questar Powerguide II 系统；2 个布兰登（Brandon）式目镜，这种结构有点像普罗素目镜，但是非对称结构，再加上编号和证书。这样一套望远镜，售价是 6800 美元。著名业余天文学家，《科学美国人》杂志的编辑 A.G. 英戈尔斯曾经赞叹道："我从不打诳语，Questar 望远镜就是一颗宝石。"

玩镜者说

若问 20 世纪 80 年代前的美国望远镜哪个值得收藏和把玩，那必定是 Questar。不难看出，Questar50 年纪念版望远镜的做工是"超规格"的，其实可以不用做得这么好，但 Questar 的理念是能做多好就做多好。中国也有少数 Questar 藏家，收藏总数量在 10 台左右，其中也有 50 年纪念版。不过相对而言，50 年纪念版款的做工稍逊于 20 世纪八九十年代的版本。虽说 20 世纪六七十年代的版本做工也不错，但反射面毕竟年代长久，光学上有所损失。20 世纪 90 年代有老玩家曾用 Questar 50 年纪念版望远镜观测火星大冲，惊异于这小小的 89mm 口径望远镜，居然能看到那么多的火星细节。

3.3 色彩之战

20 世纪 70 年代，小天文望远镜开始了新一轮的自我进化。第一，从光学设计上，更多地考虑了天文爱好者的实际需求，目视望远镜和照相望远镜开始分化，光学品类也变得更多。第二，小天文望远镜开始变得时髦起来，各个厂家开始用更加靓丽的颜色来装点望远镜，让它们尽量摆脱科学仪器的冰冷感，更多的现代设计感让这一时代的产品更加受大众欢迎。然而，究竟用何种颜色来装点望远镜？各个厂家都有自己的偏好，厂家之间的竞争，似乎变成了一场色彩之战。

孤独的旅行家——红色的 Edmund

Edmund Scientific 在诸多望远镜制造厂家中有些特殊，因为它从建厂以来，便以制造、销售各种科学教具为主。1942年，Edmund 公司从生产"组装式"望远镜中淘到了一桶金。Edmund "组装式"望远镜有一个滑轨、两个光学支架，还有若干个镜片。学生可以通过镜片之间的组合理解望远镜是如何工作的。这个望远镜极便宜，售价只需 1.5 美元，这比当时动辄上百美元的天文望远镜便宜太多。正如前文所说，20 世纪 50 年代，Criterion 望远镜厂生产的低价赤道仪天文望远镜广受好评，而 Edmund 公司在低价领域也很有经验，它很快就推出了 152mm 口径的反射式赤道仪天文望远镜，并将其登在自己广告册的第一页，上面写道："Edmund 公司是全美最大的光学销售商，上百种光学产品供您选择。"而这台 152mm 口径的望远镜，其实并不比 Criterion 好多少，一样的头重脚轻。有趣的是，早期的 Edmund 公司一直在低价的底线进行试探，它最便宜的一款天文望远镜是 1956 年发售的 76mm 口径的牛顿反射式天文望远镜，其用纸做镜筒，用木头做架子，还加上了赤道仪结构，价格仅为 29.5 美元。在 20 世纪 50 年代，Edmund 公司的大多数天文望远镜只是中规中矩，低价是其主要特征，但这一特征在 20 世纪六七十年代发生了改变。

从 20 世纪 60 年代起，Edmund 公司的不少高端天文望远镜型号在设计中采用了大红色的镜身，有些型号还采用了白色的装饰（白色多用于指示支撑机构，红色则指示光学机构）。76mm 口径、焦比 F/6.0 的牛顿反射式天文望远镜是 Edmund 红色系列中最为平民的一款，它采用了一个极其简单的叉臂式赤道仪。比这款高级一些的是口径 114mm、焦比 F/10，以及口径 152mm、焦比 F/5.0 的牛顿反射式天文望远镜，这两款望远镜的支撑架采用中央立柱和德国式赤道仪。

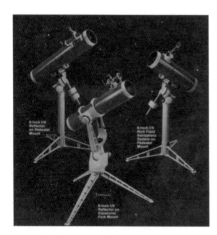

Edmund 系列望远镜和旅行家 6001 望远镜
图片来源：Edmund 产品手册

Edmund 天文望远镜系列中最有特色的两款是 Edmund 4001 和 6001，它们真正体现了 Edmund 的设计理念——小巧但坚固，简单但好用。4001 是一款口径 203mm、焦比 $F/5.0$ 的牛顿反射式天文望远镜，配合的是叉臂式赤道仪。从镜筒尺寸来说，4001 是这个系列中最大的，但从结构上来看，它又显得很小巧。因为 $F/5.0$ 的焦比，其镜筒并不算长，和叉臂式赤道仪搭配很好，因为叉臂式赤道仪一般不能用于过长的镜筒。而且叉臂式赤道仪比德国式赤道仪简单，下面的三脚架采用了一种特殊结构，很像中央立柱的三角支撑，因此整个望远镜的高度很低，不过，对牛顿反射式天文望远镜来说却是恰到好处，观察者观看的高度很舒适。

最有意思的应该是 6001 这款，它还有个昵称，叫作"旅行家"，这是一款小巧而坚固的便携折射镜。从结构上看，这款望远镜的设计也别出心裁：三爪式的底座，叉臂式经纬仪，经纬调整分别设有锁死装置。从配色上看，镜身大红，镜嘴白色，红口白牙，经纬台亦是乳白色，有点草莓酸奶那种很可口的感觉。天文爱好者对这款望远镜的评价颇高：做工扎实，光学上也还不错。据说 Edmund 的一些镜片是从蔡司等光学名厂进口的，而旅行家这款望远镜用的是戴维·兰克设计的一款厚厚的双胶合消色差物镜，口径 60mm，焦比 $F/8.0$。当时，有些爱好者对这款望远镜进行了改装，比如将其安装在汽车车窗上，使其变成了一款车载天文望远镜。

红葫芦的诞生

1976 年，Edmund 公司发布了一款紧凑型广角望远镜，名为 Astroscan，其采用了全新设计：抛物面主镜被放在一个球里，一端开口，然后由平面镜将光路导出，固定平面镜的不是支架，而是一片硼硅酸盐玻璃。望远镜镜身由塑料制成，放在一个铝制的、带有阻尼的凹面架子上，架子与镜身贴合。该款望远镜发布后，获得了工业设计大奖。它的外形与中国在 20 世纪七八十年代生产的宝葫芦望远镜几乎相同，只是宝葫芦望远镜由两个球构成葫芦形，而 Astroscan 只有一个球，形如瓠瓜。

Edmund Astroscan 望远镜的造型和万向式设计在当时颇受欢迎
图片来源：Edmund 产品手册

Astroscan 的口径为 105mm，焦距为 445mm，在当时可以算是焦比更明亮的牛顿反射式天文望远镜光学设计。它的初始设计概念有两个来源，第一个来源是广角望远镜，也就是人造卫星望远镜。这类望远镜颇为特殊，主要有两大类，一类是小型经纬仪式，另一类是固定的天顶镜式。从光学设计上看，这两类望远镜都拥有小物镜、大目镜、低倍率的特点。20 世纪五六十年代，美国为了得到人造卫星的轨道数据，开展了一系列人造卫星观测活动，天文爱好者团体和学生也是其中的主力。在教育器材制造领域颇具优势的 Edmund 公司应政府要求，生产了几批这种特殊的天文望远镜。虽然这种设备对观看行星来说没什么效果可言，但操作极其简便，很适合学生使用。Astroscan 设计的第二个来源是 Edmund 公司自己生产的一款奇特产品，名为 Shoulderscope，这是一种背在肩上就可以使用的天文望远镜。作为 Shoulderscope 的改进版，Astroscan 将观测者的使用姿势由站姿改为了坐姿，望远镜的球形部分正好可以放在腿间，使用更加舒适，稳定性也更好。事实也证明，Astroscan 在低倍广角方面表现优异，当然，它也很难用作高倍观测，因为无论是其光学设计还是其支撑结构都不适合。但作为一款功能上已经高度分化的专用广角望远镜，Astroscan 突破了道布森望远镜的局限。Astroscan 从 1976 年发布，一直生产到 2013 年才暂停，可见其生命力有多么旺盛。

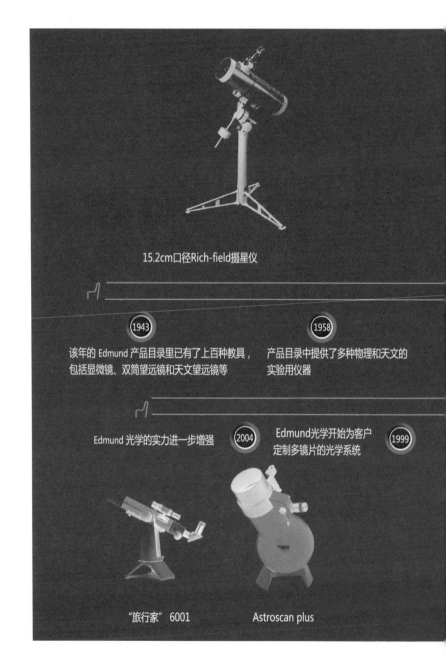

15.2cm口径Rich-field摄星仪

1943
该年的 Edmund 产品目录里已有了上百种教具，包括显微镜、双筒望远镜和天文望远镜等

1958
产品目录中提供了多种物理和天文的实验用仪器

Edmund 光学的实力进一步增强

2004

Edmund光学开始为客户定制多镜片的光学系统

1999

"旅行家" 6001

Astroscan plus

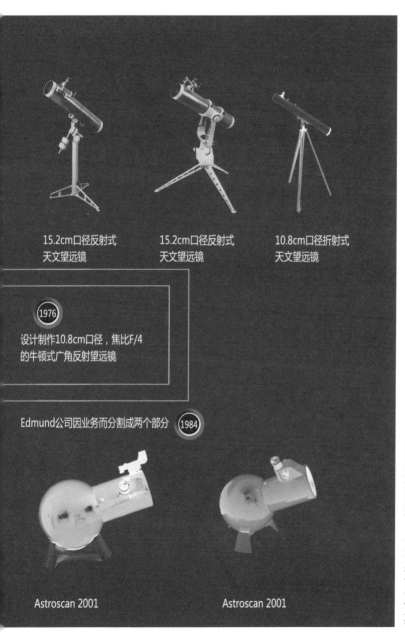

15.2cm口径反射式
天文望远镜

15.2cm口径反射式
天文望远镜

10.8cm口径折射式
天文望远镜

1976

设计制作10.8cm口径，焦比F/4
的牛顿式广角反射望远镜

Edmund公司因业务而分割成两个部分　**1984**

Astroscan 2001

Astroscan 2001

Edmund Scientific 小天文望远镜发展历程

橙色军团来了

1970 年，艾伦·海尔加盟了星特朗公司业务部，也是在这一年，星特朗公司推出了橙色镜身的高端天文望远镜——C8，这是一款口径为 203mm 的望远镜，光学部分为紧凑型施密特 - 卡塞格林式，这在当时是爱好者梦寐以求的光学结构。从那时起，橙色的星特朗折反射天文望远镜就成了高端产品的象征。1971 年，星特朗的"橙子军团"已经初具规模，1975 年，其产品线主要有 5 款产品，其中有 3 款至今还被天文爱好者津津乐道，它们就是 C5、C8 以及 C14。C8 和 C14 至今依然在售卖，而且保留了部分橙色设计。C5 在中国香港和中国台湾有颇高的使用率。另外两款现在可是稀有品，一款是 203mm 口径的施密特摄星仪，焦比为 $F/1.5$；另一款为 36cm 口径的施密特摄星仪，焦比为 $F/1.7$。

当时，星特朗的折反射望远镜设计非常统一，橙色镜身，灰色的支撑结构，放眼望去就像是一个"橙子"。不过当时的"橙子"系列的外形和现在略有不同，比如灰色的叉臂式设计，当年是全金属材质，很有骨感，不像今天星特朗 CPC 系列那般圆滑。另外在颜色上，之前的橙色比较灰暗，不像如今这般鲜艳，这并不是时间带来的颜色衰退，而是当时有意为之。

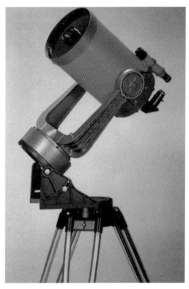

星特朗经典的橘色设计，图中广告邀请的是当年的红人、
科幻作品《星际迷航》中外星人史波克的扮演者伦纳德·尼莫伊
图片来源：星特朗望远镜广告页

"橙子"系列中有一个异类——C90，顾名思义是 90mm 口
径的折反射望远镜，它是"橙子"系列中最小的望远镜。关于
C90，还有一段小故事。C8 从 1970 年开始出售，据说正当 C8 风
靡之时，星特朗公司在 1977 年宣布，要发布一款新的折反射望
远镜，价格比 C8、C5 都便宜，一时间爱好者们蠢蠢欲动。结果
望远镜发布出来后，只是款 90mm 口径的折反射望远镜，还是马

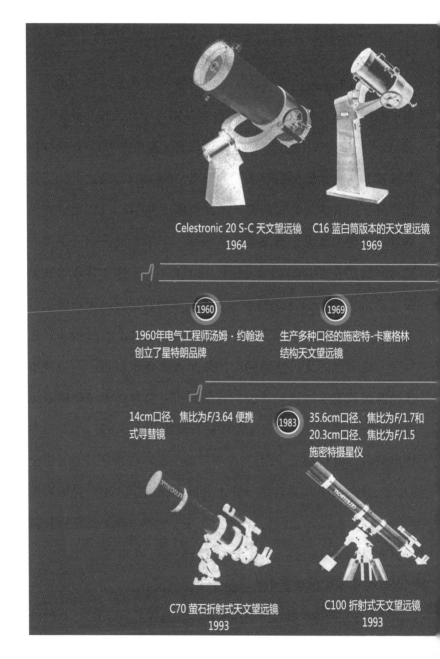

Celestronic 20 S-C 天文望远镜 1964　　C16 蓝白筒版本的天文望远镜 1969

1960 1960年电气工程师汤姆·约翰逊 创立了星特朗品牌

1969 生产多种口径的施密特-卡塞格林 结构天文望远镜

14cm口径、焦比为F/3.64 便携 式寻彗镜

1983 35.6cm口径、焦比为F/1.7和 20.3cm口径、焦比为F/1.5 施密特摄星仪

C70 萤石折射式天文望远镜 1993　　　C100 折射式天文望远镜 1993

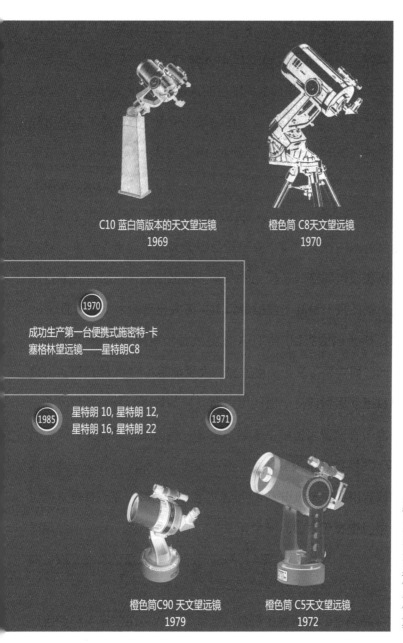

C10 蓝白筒版本的天文望远镜
1969

橙色筒 C8天文望远镜
1970

1970

成功生产第一台便携式施密特-卡
塞格林望远镜——星特朗C8

1985　星特朗 10, 星特朗 12,
星特朗 16, 星特朗 22

1971

橙色筒C90 天文望远镜
1979

橙色筒 C5天文望远镜
1972

星特朗小天文望远镜发展历程

147

克苏托夫 - 卡塞格林式设计——要知道，C8 大卖是因为它是施密特 - 卡塞格林式设计。而且，这么个小望远镜价格竟高达 495 美元，让人实在难以接受。有人尝了"鲜"，反馈依然是一塌糊涂，其实它的光学没有问题，问题在于使用方式。首先，这台望远镜的口径只有 90mm，但它的焦距达到了 1000mm，所以其对架子的要求很高。C90 当时有 3 个版本，一个是单臂金属经纬仪版，一个是单独镜身版，还有一个是摄影版（黑色的）。其经纬仪版最为稳定，但售价高达 700 美元，所以大多数人买的是第二种，并把它架在普通的三脚架上——这就直接导致了镜身不稳定。另外，C90 采用了旋转镜筒对焦，而不像 C8 那样用旋钮调节镜片位置，这就更增加了不稳定性。

不过在营销方面，C90 做得着实不错。在 20 世纪 70 年代，小型便携式望远镜的市场还相对真空，大部分人都希望拥有一台小望远镜。但在当时，小的精致型望远镜价格非常高，所以 C90 迅速占领了市场。当时，星特朗公司做了很多广告，邀请了各路明星，特别是诸多女模特，用来衬托星特朗橙色望远镜的小巧可爱。

玩镜者说

对很多玩家而言，星特朗望远镜算不上精致。它的产品更多的是为了满足大众需求而进行设计制造的。在这一点上，它无法满足高端玩家的诉求。但从品质而言，星特朗望远镜虽然没有什么特点，但品质控制较好。它的很多产品为望远镜在大众中的普及作出了贡献。20 世纪 80 年代，特别是哈雷彗星热的那几年，其他各种品牌的施密特 - 卡塞格林望远镜层出不穷，粗制滥造让这些望远镜不堪一用。

红蓝阵营的相爱相杀

与星特朗望远镜一直相爱相杀的是著名的米德牌望远镜。若是了解米德公司的早期业务，你就会发现它并非一开始就注重望远镜光学。米德公司成立颇晚，在 20 世纪 70 年代初才创立，创始人是电气工程师迪贝尔。迪贝尔最开始在休斯飞机公司工作，但他对这个工作烦透了，真正喜欢的是天文。不久，他就辞去了工作，并与日本的东和株式会社（Towa）签订了销售协议，开始进口望远镜并进行销售，这就是米德公司的开始，简单说就是望远镜进口商。东和望远镜并非高端品牌，走的是平民路线，以低质低价闻名，但销售量非常可观。20 世纪 70 年代，美国业余天文圈子已经趋于稳定和成熟，固定的购买群体很快就让迪贝尔有了大笔收益。

早期的米德望远镜广告，科研仪器感十足

图片来源：米德望远镜广告页

　　20 世纪 70 年代，美国业余天文市场已经开始细分，米德最开始面向的是普通消费者，在开发了自己的反射式天文望远镜之后，它开始转型，仅面向部分天文爱好者。但仅仅过了几年，米德的受众就又发生了改变，它开始面向天文爱好者的核心用户，也就是那些资深人士。此时，美国业余天文器材出现了一个巨大的变革——施密特 - 卡塞格林式折反射望远镜出现。折反射望远镜的设计会优化像质、缩短镜身，并使镜筒封闭后的内部空气更加稳定，这种望远镜受到了很多爱好者的追捧。米德瞄准这个市场，开始全力进军施密特 - 卡塞格林望远镜。20 世纪 80 年代初，具有划时代意义的 LX3 型望远镜问世，这也是米德 LX 系列的开山之作，它几乎集中了当时最先进的光学设计和机电控制。

　　没过多久，米德公司的风头就盖过了对手——星特朗公司，但一个巨大的危机正在悄悄酝酿。20 世纪 80 年代末，因哈雷彗星即将回归，小天文望远镜市场进一步扩大，过量的生产以及大众的过度消费，导致了 20 世纪 80 年代末至 20 世纪 90 年代初业余天文市场的饱和。在哈雷彗星离去后，美国二手市场上充斥着大量的小天文望远镜，其中不少米德望远镜。情急之下，米德和星特朗两家公司居然尝试联手，试图稳住施密特 - 卡塞格林望远镜的霸主地位，但美国联邦贸易委员会阻止了这一垄断行为。米德公司的创始人迪贝尔选择了急流勇退，没有了迪贝尔的米德公司在几年

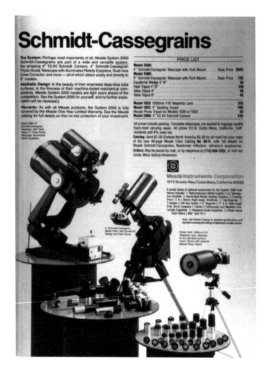

后期米德望远镜广告，充满了蓝黑色调
图片来源：米德望远镜广告页

后濒临破产。让人们没想到的是，迪贝尔杀了个回马枪，重新收购了米德公司，并开始研发新产品。新产品主要有两个系列，一个是 ETX 小型全自动望远镜系列，主打每个人都可以用的全自动望远镜。另一个是 LX200 系列，该系列面向学校，在教学中使用。这两个系列让米德望远镜在 20 世纪 90 年代风光继续，但它在近些年又有些低迷。记得 20 世纪末，我曾与几位美国的天文爱好者在咖啡馆畅谈，聊及业余天文爱好者用的设备，他们一直反复说着一个词——Meade（米德）。

玩镜者说

米德望远镜与星特朗望远镜的定位类似，主要做普及型望远镜，也都在自动化方面做了很多探索，而这两家也都不像高端品牌那样追求精致。有的望远镜爱好者从多台米德望远镜中精挑细选后，可以找到素质超群的某台望远镜，但这也并非每个玩家都能够办到。

3.4　日本的极致光学

夜幕降临，人声却更加鼎沸，在星空派对中，那些架设大型道布森望远镜的人，无疑最能吸引人们的目光。不可思议的巨型镜筒指向天空，人们纷纷登上梯子，从目镜中观望星空，赞叹声不绝于耳。与这个场景对应的，是那些悄悄架起小而精致的望远镜的玩家，三五个资深爱好者聚在一起，安静地欣赏这美丽的星空。

当你与一些天文望远镜爱好者一起谈论设备时，他可能会说"对不起，我最多只聊到威信，至于星特朗与米德，我毫无兴趣。"

在这些精致望远镜的玩家看来，望远镜不仅需要做到光学极致，做工手感也必须达到极致，拥有一台小型高桥望远镜，是他们大多数人的选择，他们享受的是所谓的"光机之美"。

20世纪五六十年代，日本天文望远镜制造业开始复兴。有基础的老牌光学厂恢复了天文望远镜制造的生产线，尼康公司推出了50mm口径的小折射式天文望远镜，旭光学（即后来的宾得）推出了"木星"系列，五藤则在20世纪60年代就开始了复消色差望远镜的研发。日本人对细节的极致追求，在小天文望远镜的制作上得到了完美体现。20世纪70年代到20世纪80年代，日本天文望远镜派生出一个分支，他们追求极致，无论是光学方面还是做工方面，无论是设计方面还是制造方面，都达到了一个难以超越的高度。

Swift 的幕后

曾经有一个很著名的望远镜品牌叫作Swift，这是一个在日本生产，在美国贴牌售卖的产品，在天文爱好者群体中一直拥有很好的口碑，比如它的光学部分，有人曾说——Swift的普通消色差望远镜的成像，可以接近现在复消色差望远镜的水平。Swift望远镜做工超群，如今依然有爱好者在收集当年Swift的作品。

有热心者根据蛛丝马迹分析认为，当年为 Swift 代工制造望远镜的，很可能是现今鼎鼎大名的高桥制作所。

这个说法目前看来证据不少。比如高桥制作所宣称他们从 1960 年开始就出产望远镜了，但第一款高桥望远镜面世是在 1967 年。另外，Swift 望远镜上刻有与高桥望远镜当年一样的 AVA 标记。还有一个证据来自《天空与望远镜》杂志的广告，广告中提到 Swift 公司进口高桥制作所的产品，并在美国售卖。不过即便如此，在 20 世纪 60 年代，高桥制作所是否为 Swift 生产望远镜，依然没有定论。

虽然高桥望远镜最早于 20 世纪 70 年代面世，
但其创始者高桥喜一郎在 20 世纪 50 年代就开始研发小天文望远镜，
图中这台 20cm 口径的反射式天文望远镜就是其早期代表作之一
图片来源：高桥望远镜广告页

在小口径望远镜上做文章——65mm 口径的多款高桥望远镜
图片来源：高桥望远镜广告页

萤石，萤石

萤石作为光学材料，有一段传奇经历。在 19 世纪 80 年代，蔡司公司创始三巨头之一的阿贝，专注于显微镜物镜的成像改良。色差对显微镜物镜的分辨率影响很大，阿贝一方面改良设计，一方面着手寻找新的材料，蔡司三巨头中的另一位，肖特也与其并肩作战。不久，阿贝发现纯净的天然萤石可以解决这一问题，加入萤石镜片后，物镜的成像水平空前地好，这就是世界上第一枚复消色差显微镜物镜，也被称为 APO 物镜。不过这对阿贝来说，是个必须保守的秘密，于是阿贝在配方上动了手脚，在本来应该注明"萤石"的位置上，他写了一个"X"。萤石虽好，但实在难得，阿贝到处寻找材料，但能够用于光学的材料极少，这也解释了为何只在显微镜上使用天然萤石，而不把它用在相机镜头或者望远镜上。蔡司公司严守秘密，并将这一优势一直保留到了第二次世界大战后。在第二次世界大战期间，人造萤石出现了，战后的肖特公司就开始为蔡司提供人造萤石，至此，萤石正式作为一种光学材料进入生产领域。

日本高桥制作所之所以拥有很高的声誉，一方面是由于其精良的做工，另一方面则是因为它善用萤石作为光学材料。虽然人造萤石在 20 世纪 50 年代已经出现，但其并未应用到民用小天文望远镜中。直到 1968 年，日本的 Optron 公司完成了人造萤石的结晶，并开始为相机镜头和望远镜制造厂提供萤石材料。不过很快，佳能公司就收购了 Optron 公司，所以至今佳能公司还宣称是自己实现了人工萤石结晶，并将人工萤石用到相机镜头上。

几乎是同时期，高桥制作所也开始使用萤石制作望远镜。那高桥望远镜的萤石，当时来自何处呢？从一些访谈和回忆录中，我们可以找到一些蛛丝马迹，比如高桥官方承认过，通过与佳能的紧密合作，制作出了直径达 15cm 的萤石镜片，效果奇佳，而做

成焦比为 *F*/8 的望远镜，只需要两枚镜片就可以了。还有人回忆，实际上是 Optron 为高桥制作了镜片。像 TSA-102 这种 3 片式空气隔离镜片就是由 Optron 制作的，其工艺精湛绝伦。所以我们可以推断，至少在早期，高桥制作所与佳能公司的这种紧密合作，应该是佳能 Optron 代工镜片并制作镜组。

第一款萤石望远镜

高桥制作所在小天文望远镜史上占有举足轻重的地位，虽然它并不是日本的第一批老望远镜厂，但它将萤石镜片引入望远镜，成就了一个时代。那这个时代的开创之镜，又是什么呢？

在历经了给 Swift 望远镜代工之后，高桥制作所生产的第一款望远镜是 1967 年的 TS65 赤道仪望远镜，该望远镜的口径为 65mm，焦距为 900mm，光学上只采用了普通消色差结构。1969 年，高桥推出了口径为 100mm 的反射式天文望远镜，这只是高桥制作所小试牛刀。1970 年，高桥的产品路线有了变化，生产了 TS65D 望远镜，关于这个型号的资料不多。有资料称，当时高桥生产了一款口径为 65mm，焦距为 1200mm 的三片式半复消色差望远镜，以及另一款 TS80 望远镜，其口径为 80mm，焦距也为 1200mm，

高桥制作所 20 世纪 70 年代的萤石小天文望远镜作品——TS90F

采用三片分离式设计。天文爱好者喜欢将 TS80 这款望远镜称为"高桥的第一个复消色差"，但高桥制作所并不认为它达到了真的复消色差，认为其依然是半复消色差的效果。

1970 年，高桥制作所启动了萤石望远镜的研发项目。1971 年，高桥并没有什么大动作，似乎在休整。1972 年，高桥一下子推出了两款真正的复消色差望远镜，一款是改良过的 TS80，规格与 1970 年的相同，但成像真正达到了复消色差的效果。另一款是一台小望远镜，型号为 TS50P，口径为 50mm，焦距为 500mm，同样是复消色差水平。于是，1972 年被称为高桥制作所的"复消色差"之年。不过直到 1972 年，高桥制作所的萤石望远镜还丝毫不见踪影。

1973 年，全世界迎来了一次日全食，高桥制作所在这次日全食期间，使用了自己的秘密武器——一台特制的 TS80 望远镜。所谓特制，其实就是在设计中加入了一片萤石，不过这只是一台试验品，并没有量产。1977 年，高桥制作所推出了一款型号为 TS90F 的望远镜，其口径为 90mm，焦距为 1000mm，F 这个字母告诉我们，这是一款使用了萤石的望远镜，也是真正意义上的世界上第一台民用量产的萤石小天文望远镜。

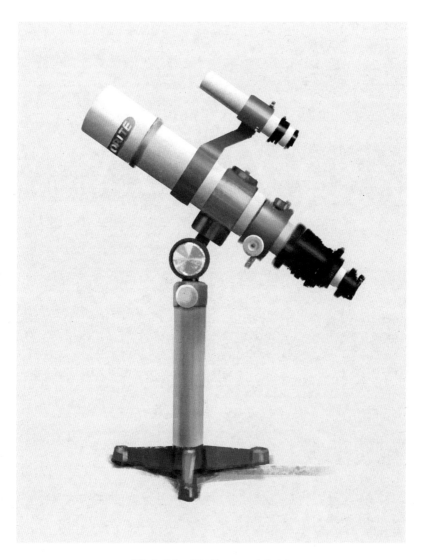

高桥小型萤石望远镜 FC50 的桌面版

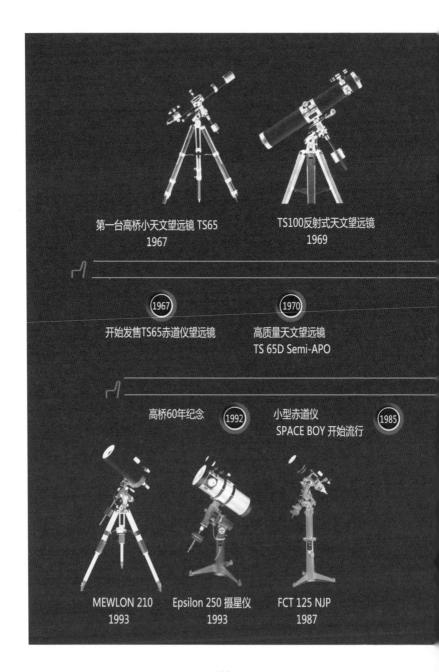

第一台高桥小天文望远镜 TS65
1967

TS100反射式天文望远镜
1969

1967
开始发售TS65赤道仪望远镜

1970
高质量天文望远镜
TS 65D Semi-APO

高桥60年纪念 1992

小型赤道仪
SPACE BOY 开始流行 1985

MEWLON 210
1993

Epsilon 250 摄星仪
1993

FCT 125 NJP
1987

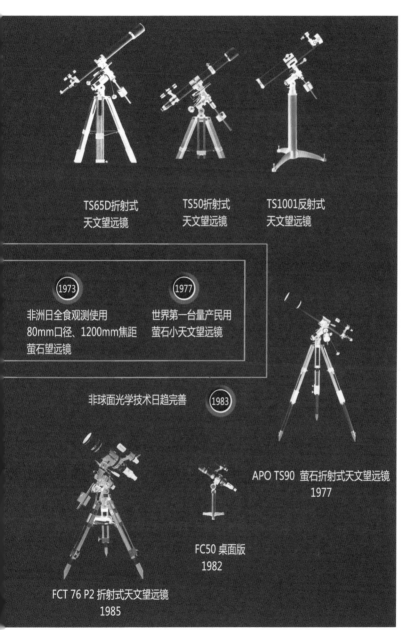

TS65D折射式
天文望远镜

TS50折射式
天文望远镜

TS1001反射式
天文望远镜

1973
非洲日全食观测使用
80mm口径、1200mm焦距
萤石望远镜

1977
世界第一台量产民用
萤石小天文望远镜

非球面光学技术日趋完善　**1983**

APO TS90 萤石折射式天文望远镜
1977

FC50 桌面版
1982

FCT 76 P2 折射式天文望远镜
1985

高桥小天文望远镜发展历程

163

玩镜者说

如今提及日本高端天文望远镜，爱好者们都会谈及高桥望远镜，但实际上，高桥的出色并不仅仅体现在光学上的无可比拟，还体现在其整体发展得比较均衡，均衡到没什么特点。加之其良好的品质控制，很少有用户抱怨过高桥望远镜。

3.5 摄星仪的时代——宾得与高桥的表演

天图式摄星仪和罗斯摄星仪

青岛观象台有个特殊的观测项目，每当学生们到那里参观，一个固定体验项目就是描绘太阳黑子，而用来观测太阳的望远镜，竟是台硕大的百年赤道仪老镜。这种观测体验，实在是过于奢华，这可是中国唯一还在工作的天图式望远镜。要知道，一般这种级别的古董设备，都放在警戒线内，让游人远远参观。

摄星仪是望远镜发展过程中产生的一个分支，是指专门用于天体摄影的望远镜。因为与一般望远镜结构不同，所以摄星仪被称为 astrograph，而不叫 photographic telescope。世界上第一台摄星仪于 1864 年出自天文爱好者刘易斯·莫里斯之手。这类望远镜不用于目视,而专门用于优化成像——这是一个非常超前的理念。可惜在当时,天文圈处在一个"大口径至上"的理念阶段,人们往往更关注大口径设备,而并不注重如何优化成像。在众多天文学家中,哈佛大学天文台的皮克林是仅有的几位远见者之一,他于 1885 年花费了 2000 美元为天文台购置了一台 15cm 口径的摄星仪,第二年,他就用这台摄星仪拍摄照片,发现了现今非常有名的猎户座"马头星云"。

哈佛大学天文台的摄星仪与第一张马头星云照片

19 世纪 70 年代,对天文观测者来说是非同寻常的年代。这个年代发生了两件影响深远的大事,一是干板摄影技术的出现,二是包含 5 万颗星的子午环星表完工。5 万颗星，看起来是个庞大的数字，但天文学家深知这远远不够，十余年后，一个更大的计划在他们心中酝酿。1887 年，巴黎天文台的"天图计划"出炉，这个计划雄心勃勃——要用十几年的时间，动用世界上多个天文台，联合拍摄极限星等暗至 11 等的全天照相天图。用于天图计划的摄星仪"初号机"与之后流行的装置并不相同，它采用了德国式赤道仪以及圆形的双筒式设计。因需多台联测，拍摄参数必须规范，每张照片的视场需要 4 平方度，每个天区曝光 3 次，每次 30 分钟。如此计算，采集数据的总时间达到 30900 小时。除了拍摄方法，观测所用的望远镜也必须统一。1890 年，第一台标准规格的天图式摄星仪由法国高梯尔（Gautier）制造厂制造完成，并被安置在巴黎天文台。这台摄星仪是古怪的方形双筒设计，摄影物镜直径为 33cm，焦距为 3.43m，目视物镜直径为 19cm，目视的部分用于导星——为了规制统一，导星镜也必须一致，其焦距被统一为 3.6m。

天图计划的所有照片都要放在 16cm×16cm 的玻璃板上，放大两倍后用凹版印刷到铜板上，然后再打印到纸上。这个计划究竟要花多长时间才能拍完整个天空？在最开始计划时，大家认为十几年，最多二十年，就能完成这个任务。然而天图计划遭遇了一系列问题，战争、资金、国际合作等，一直到 1970 年，也就是计划开始的 80 多年后，这个计划正式宣告失败，天图计划最终也没有把天空拍摄完。在 20 世纪 70 年代，天文学的发展已经不再是 20 世纪初的模样，更好的巡天技术迅速取代了天图计划。虽然天图计划失败，但摄星仪这种设备正式走进了历史舞台。

从外观上看，摄星仪也是一台望远镜，只不过它没有安装目镜，后端也是一台固定的相机。有趣的是，很多望远镜也可以把目镜摘下来，安装上照相机进行拍摄，这导致很多人并不了解摄星仪的真正概念，它的设计中着重考虑的是大视场，因而它比一般望远镜有更大的成像圈。在照相机领域也有类似的情形，比如有些相机镜头是给 135 相机使用的（标准画幅），有些是给中画幅相机使用的，还有些是给大画幅相机使用的。可以说，摄星仪就是个中画幅甚至大画幅的摄影用望远镜。

最早出现的摄星仪，除了天图式摄星仪，还有著名的罗斯摄星仪（Ross Astrograph），其形状也很特别，前端是一个物镜组，镜筒呈梯形，前小后大，在后端变为最大，并安装了大画幅底片的相机。后来的摄星仪多为双筒赤道式，采用 4 片式的折射镜组，得到很大的成像圈，其与同样焦距的望远镜相比，视场大了很多。但折射式摄星仪遇到的问题，与折射式天文望远镜一样——口径带来的限制。折反射摄星仪更为著名，施密特和马克苏托夫这两种折反射设计的初衷便是希望将折射镜组和反射镜组的优势结合，

法国巴黎天文台于 1890 年建成的天图式摄星仪，
主镜口径为 33cm、焦距为 343cm、导星镜口径为 19cm
图片来源：巴黎天文台

消除像差，得到巨大的视场。这两种思路都成功了，只是在消除各种像差的过程中剩下了场曲，这造成折反射摄星仪的像场实际上是弯曲的，需要把底片弯一弯再使用。

折反射摄星仪的出现

折反射望远镜的英文是 Catadioptric system，而其外形也是短小精悍，惹人喜爱，国外的爱好者戏称其为 Cat。专业的折反射望远镜是为了制造超大视场、超大光圈的快速巡天望远镜，而在业余天文中，折反射望远镜的目的是建造紧凑、像差控制良好的超长焦望远镜。为了加以区分，我们通常将前者称为折反射摄星仪。施密特摄星仪就是其中最为经典的一种。1930 年，施密特发明了这种望远镜。他本是德国裔，但出生在爱沙尼亚，后来又在德国生活。施密特在光学上的突破不止施密特相机这一项，他制作过类似定天镜结构的高精度水平式长焦望远镜，也设计过鱼眼镜头。20 世纪 20 年代晚期，施密特开始针对当时的摄星仪进行光学改进。当年的摄星仪成像能力一般，其光圈只有 $F/3$，而在相对宽大的视场中，星点会有比较严重的彗差。

施密特的设计思路与众不同，他用巨大的球面镜作为主镜，把一个口径较小的光阑放在球面镜的曲率中心——这样可以消除彗差和像散，不过对球差依然没有什么用。当然，球差是不能不管的，因为球差非常影响成像分辨率。施密特用非球面的透射改正镜矫正球差，制作出了一台光圈为 $F/1.75$，视场达到 15° 的望远镜，该望远镜口径为 36cm。

马克苏托夫望远镜用的是另外一种简化设计：用厚弯月改正镜代替了施密特非球面改正镜，这使望远镜的制造难度大大降低。还有一种设计人们一般较少提及，那就是 Bouwer 式的折反射设计，其实 Bouwer 式设计和马克苏托夫设计如出一辙，也是加入弯月改正镜，而且 Bouwer 式设计的年代要早于马克苏托夫设计——早在 1941 年，Bouwer 就给出了这种设计的早期概念，但其设计光圈只限于 F/4.0。

施密特摄星仪后来产生了一些好玩的变化，比如出现了"实心施密特"以及"半实心施密特"的设计。实心施密特设计就是将一整块玻璃，一头做成球面反射镜，一头做成施密特非球面改正镜的形状，一体化完成一台施密特相机。比较早期的一个设计是 1936 年的 Sonnefeld 照相机设计，它的改正镜部分采用了两枚透镜，另外一个更重要的设计点是采用了 Mangin 反射镜。这种反射镜早在 19 世纪就被发明了，其目的是用巧妙的球面镜设计替代制作困难的抛物面镜。它由一个负新月透镜和一个球面镜贴合而成，在光反射的过程中，光线实际上穿过弯月镜两次，所以整体算起来是个三镜系统。Sonnefeld 照相机设计虽然实现了 F/0.6 的光圈，但在视场上并没有什么作为。

拥有更大光圈、更大视场、设计更为复杂的望远镜被叫作超施密特相机，这类望远镜发展最为迅猛的时期是 20 世纪四五十年代，一个著名设计是贝克的超施密特相机，其焦距为 200mm，焦比是 F/0.82，视场为 26°。这种超施密特相机的前端改正镜包含了两枚弯月镜和一组双胶合镜，这种设计后来多用作流星拍摄。另一个著名设计也来自贝克，被称为贝克 - 努恩超施密特相机，其焦距为 500mm，焦比是 F/1.0，也是超大视场系统。和前者不同的是，贝克 - 努恩超施密特相机的改正镜采用了 3 枚分离的透镜，其中有 4 个透镜面是非球面的。值得一提的是，贝克 - 努恩超施密特相机的这个设计在 1955 年发展为口径 508mm，焦比 F/0.75，像场直径达到 55mm 的望远镜，用来进行人造卫星追踪观测，这在望远镜历史上非常有名。

用于人造卫星观测的贝克-努恩式望远镜
图片来源：美国国家航空航天博物馆

业余折反射摄星仪

在小天文望远镜发展历史中，折反射摄星仪出现时间较晚，20 世纪 70 年代末，星特朗公司推出了几款施密特主焦点摄星仪。与传统的施密特摄星仪不同，这些小型摄星仪在主焦点处加装了改正镜，从而满足天体照相的要求。星特朗公司在一些口径较大的施密特 - 卡塞格林望远镜上也配置了主焦点位置的改正镜，从而合成了焦比 $F/2.0$ 甚至焦比更明亮的系统。所以这些施密特 - 卡塞格林望远镜都有两种摄影方式，一种是焦比更明亮的主焦点摄影，焦比更明亮、视场大；一种是卡塞格林焦点摄影，焦比更暗、放大率高。这种方式在如今的星特朗望远镜中也有应用。

1973 年，日本业余天文界发现了第一颗小行星，编号为 1973 MA，它的发现者是日本业余天文学家小岛信久，在同一个时期，他开始与日本著名的光学工程师、非球面光学专家山田坂合作，并在 20 世纪八十年代成立了日本特殊光学公司（JSO），这家公司是追求极致光学的典范。JSO 在制作专业级别目镜时，为了追求超高倍放大效果，使用表面精度 1/20 波长的镜面进行加工，但实际上人眼是分辨不出 1/8 波长的精度的，但 JSO 的设计者发现，在好的设计下，1/8 波长的精度居然会限制 1000 ~ 2500 倍的高倍成像质量，于是采用了 1/20 波长的镜面。

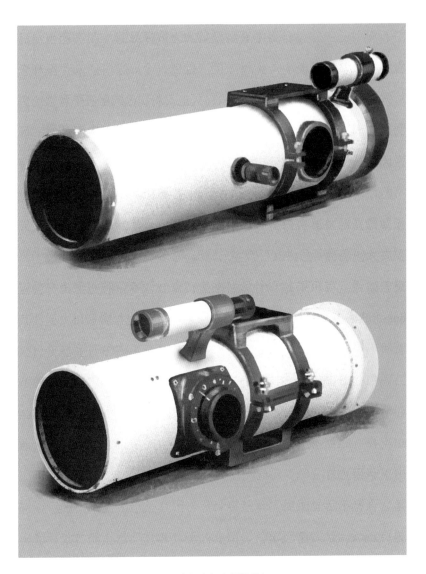

JSO 的经典折反射摄星仪

JSO 的经典作品就是它的折反射摄星仪系列。由于要应对哈雷彗星的拍摄问题，JSO 主推了 3 款摄星仪，第一款为口径128mm、焦比 $F/3.8$ 的怀特 - 牛顿摄星仪。JSO 当时把它作为主打产品，因为它体积小，而且能提供类似施密特照相仪的画质。第二款为口径 250mm、焦比 $F/3.4$ 的寻彗镜，也同样是怀特 - 牛顿式设计，而且专为照相做了优化。第三款为口径 160mm、焦比 $F/2.5$ 施密特摄星仪，它的光路是典型的施密特照相仪，主焦点在望远镜肚子里，但又有一个用于搜寻目标的同轴小目镜，设计很有意思。不过，JSO 来也匆匆，去也匆匆，随着哈雷彗星的远去，这家公司也渐渐失去了踪影。

小而美的折射式摄星仪

某天文馆中陈列着两台古老的日本五藤天文望远镜，其中一台的上面绑定了一个又短又粗，前后一边粗的筒子，后面接的是个大画幅相机——这显然是一台摄星仪。早期，摄星仪并不是单独存在的，它只是望远镜上的一个附属装置。业余天文爱好者真正开始重视摄星仪要到 20 世纪 80 年代了，因为那时哈雷彗星回来了。由于要拍摄彗星，天文爱好者有了利用焦比更明亮、大视场望远镜进行天文摄影的需求，这个需求让众多望远镜厂商看到了机会，从 20 世纪 70 年代末开始，日本的高桥制作所、威信公司、尼康公司、宾得公司，美国的天体物理公司等纷纷推出了这种特殊用途的望远镜，虽光学设计各不相同，但都是短焦距、大像场、焦比更明亮，而且开始追求照相机的画质——这也是爱好者大规模使用摄星仪的开端。

在本书前文中，尼康曾以日本资格最老的天文望远镜品牌的身份出现过，历经 50 年后，尼康在天文爱好者心目中依然是日本极致光学的象征。20 世纪 80 年代，这个摄星镜和 ED、复消色差望远镜开始逐渐被人们接受的时代，尼康似乎找到了它应有的属性：小而美。在当时的天文教科书中，口径永远是天文望远镜的第一指标，但在这个时代，天文爱好者们对望远镜有了新的认识——小口径极致光学天文望远镜，同样是值得推崇并值得追求的。小口径折射式摄星仪在这个时代兴起，其小口径多镜片的设计，与其说像望远镜，不如说更像照相机镜头，尼康的优势得以显现。

尼康的 80ED 摄星仪是其代表作，口径 80mm，焦比 F/6.0，采用前组两片 ED 异常色散玻璃、后组三片两组平场镜的"五片四组式"结构。异常色散玻璃在 20 世纪 80 年代的日本光学设计中已经有了广泛应用，作为萤石的替代品，异常色散玻璃价格相对低廉，且效果接近萤石。在摄星仪中应用"五片四组式"加两枚

ED 镜片，说明这款望远镜的成像已经足够优秀，它的成像圈达到了 100mm，可以满足 6cm×9cm 画幅的摄影需求，6cm×9cm 画幅相当于 4 个 135 全画幅，这款望远镜可以说是尼康在向竞争对手"秀出肌肉"。

摄星仪的王国——宾得家族

尼康公司的竞争对手之一就是宾得公司。在相机和镜头领域，宾得的地位并不低于尼康；但在小天文望远镜领域，宾得比尼康晚了一个时代。与尼康天文望远镜并驾齐驱的，是五藤、西村等从 20 世纪二三十年代就开始发展的品牌。而宾得品牌真正开始做望远镜，已经到了 20 世纪 50 年代，宾得最开始只销售木星系列入门级别望远镜，当时宾得品牌用的还是老名字旭光学（Asahi），早期的望远镜也是中规中矩。

宾得天文望远镜的发展过程经历了两次大飞跃，一次是 20 世纪 80 年代初 ED 镜的出现，另一次是 20 世纪 80 年代末摄星镜的出现。ED 镜其实并未给宾得带来太多收益，只是为 20 世纪 80 年代末的飞跃埋下了伏笔。在 ED 望远镜时代，宾得最知名的是 60mm 口径的小折射式天文望远镜——J-60 系列。J-60 这个系列有多款变化，有短焦版本、桌面版本、普通消色差版本，也有 ED 版

宾得 20 世纪 80 年代中期生产的 75EDHF 摄星仪

本，最经典的是采用原色木架、绿色经纬仪加白色镜筒和绿色标记的版本，这种配色方案一直被宾得保留了近 30 年。

1985 年，宾德公司开始建立自己的摄星仪家族。早期，宾得的摄星仪系列被称为 EDHF，该系列包含 3 款摄星仪：75mm 口径摄星仪、105mm 口径摄星仪、125mm 口径摄星仪。这 3 款摄星仪的焦比在 F/6.4 ~ F/6.7，其中 75EDHF 光学结构采用了三片式设计，前组两枚，带有 ED 玻璃，后组是一个平场镜，采用弯月式结构。与尼康公司类似，宾得公司也有非常丰富的中画幅镜头生产经验，所以这个系列的摄星仪成像范围巨大，其中经典的 75EDHF 成像范围可以满足宾德 645 相机拍摄（成像圈在 75mm 以上），而 105EDHF、125EDHF 这两款望远镜则可以满足宾得 67 相机拍摄。

在 EDHF 推出的同时，宾得公司还推出了历史上第一款民用四片式摄星仪，为了与三片式设计区分，它被称为 EDUF，而它的焦比要比 EDHF 明亮很多，达到了 F/4.0，这个亮度在当时来讲是很有竞争力的。相比之下，尼康后来的五片式摄星仪，焦比也只有 F/6.0。这 4 款望远镜可以算是宾得摄星仪家族的第一代，其采用的 ED 玻璃性能不及人造萤石，因此在消色差能力上不如现在的复消色差望远镜。宾得摄星仪沿用了白色和绿色的配色，而且不忘在品牌上标出 SMC——超级多层镀膜的标签，这也是宾德相机

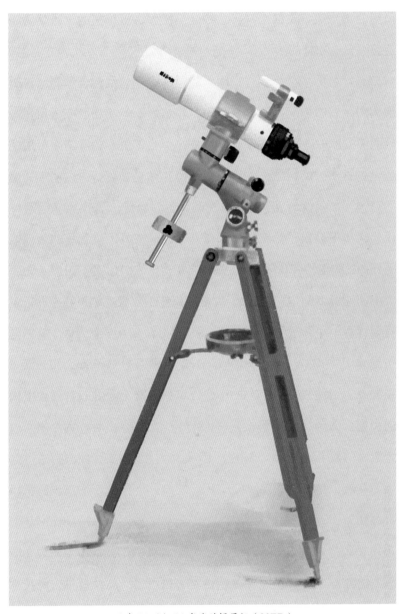

尼康 20 世纪 80 年代的摄星仪（80ED）

镜头的出众之处，因为有了超级多层镀膜，摄星仪的反差优秀，色彩有自己独特的味道。

随着哈雷彗星的远去，世界范围内的望远镜销售量开始经历断崖式下跌，但对于摄星仪来说，其销售不但不受影响，反而开始兴盛起来——这是由于哈雷彗星热催生了更多的天文爱好者，经过一番实践之后他们发现，望远镜并非越大越好，这些小而美的日本产摄星仪，成了部分天文爱好者的珍爱。于是，20世纪90年代，宾得推出了第二批摄星仪产品，最主要的变化是：用性能更好的 SD 玻璃代替了 ED 玻璃，名字也从 EDHF 和 EDUF 变为了 SDHF 和 SDUF。宾得的第二批摄星仪使用效果更佳，甚至逼近萤石望远镜。20世纪90年代中后期，宾得对 SDHF 系列做了升级，将这个系列称为 SDP，SDP 口径规格分别为 105mm、125mm、150mm。至此，宾得生产的小型摄星仪已有十余款，若是加上面向小型天文台的大口径折射式摄星仪，则共有 20 种左右。这是一个庞大的摄星仪家族，恐怕没有哪个品牌可以达到如此规模。

高桥的摄星仪路线

2008年，宾得公司正式退出摄星仪市场，品系最丰富的摄星仪家族至此结束。比宾得更早退出摄星仪市场的是尼康公司，20

世纪 90 年代初，尼康就停止了自己仅有的几款摄星仪生产，只保留了天文台级望远镜的业务。于是，日本摄星仪市场上只剩下两个主力，威信和高桥。威信的产品线多而杂，高中低档都有覆盖，而高桥始终瞄准中高端市场。若说日本如今还有专门的摄星仪品牌，那一定是高桥。

其实在尼康、宾得和高桥这三家公司中，高桥是最早生产独立小型摄星仪的。早在 1983 年，高桥制作所就推出了 5 款摄星仪，口径分别为 130mm、160mm、200mm、250mm 和 300mm，并取名为 Epsilon 系列。虽然高桥制作所擅长制作萤石复消色差折射式天文望远镜，但 Epsilon 系列采用了反射结构，主镜为双曲面反射镜，后端改正镜为 ED 平场镜组，该系统的焦比在当时惊人地达到了 $F/3.3$（有的型号为 $F/3.5$），成像圈达到了 44mm，满足 135 标准画幅的成像范围。这个系列在后来演变成如今爱好者使用的"小黄牛"系列，焦比更是达到了 $F/2.8$。由此可以看出，早期的高桥摄星仪与尼康和宾得的摄星仪相比，走的完全是两条路。高桥的反射式摄星仪具有大口径和焦比更明亮的特点，但成像圈小；尼康和宾得走的是传统摄星仪的路线，焦比虽然暗，但成像圈大——毕竟摄星仪与普通望远镜最大的区别，就是拥有巨大的成像圈，可以满足中画幅甚至大画幅的天体摄影。

Epsilon 系列改进后的牛顿反射式摄星仪采用了黄色镜身和黑

色装饰，被天文爱好者们亲切地称为"小黄牛"。这个系列的后续产品还有 Epsilon180ED、Epsilon-210 等。高桥以高品质折射式天文望远镜，特别是萤石望远镜闻名，这在天文爱好者圈内是共识，然而让人有些费解的是在 20 世纪 80 年代，摄星仪繁荣发展时期，大家并没有看到高桥折射式摄星仪。彼时，相机厂商佳能早已将人造萤石镜片装配到它的高端长焦 FD 口镜头上，并以此为噱头来宣传其镜头卓越的光学性能。而同以摄影为目的的高桥却迟迟没有推出真正意义上的萤石摄星仪，直至 20 世纪 90 年代末，高桥的 FSQ 才出现。最早的 FSQ-106 和 FSQ-106N 都是四片四组的设计，其像场达到了 88mm，成像面积比之前的"小黄牛"系列大了四倍。这两款摄星仪都使用了两枚萤石，前后组各一枚，不过这两款摄星仪生产的时间都不长，几年后便被新的 FSQ-106ED 取代，镜片也不再使用萤石，而是使用了异常色散的 ED 玻璃。不过在成像效果上，新镜还是超越了老镜。

摄星仪在 21 世纪初的一段时间内并没有得到重视，这是因为天体摄影开始从胶片向数字转化，而转化后的数字成像芯片大多娇小，不要说中画幅像场，连 135 标准全画幅都达不到，大部分数字成像的成像范围在 135 全画幅的一半到三分之二。2008 年，宾得停止了天文望远镜的生产，庞大的宾得摄星仪家族宣告终结。不过这个情况在近些年又有些改变，使用 135 全画幅甚至更

高桥的反射式摄星仪 Epsilon 系列，俗称"小黄牛"

大画幅的天文数字相机出现了，高桥摄星仪 FSQ 系列的另外两个产品都是近些年推出的型号：一个口径为 85mm，另一个口径为 130mm，后者的成像范围达到了 100mm。这意味着伴随大芯片技术的普及，大视场摄星仪在今后依然大有作为。

玩镜者说

与其在相机和镜头领域一样，宾得在望远镜玩家中也有一群拥趸。他们盛赞宾得的光学设计——用 3 片镜实现了其他设计需要 4 片镜才能得到的大像场，他们也很喜欢宾得望远镜精致小巧的外形和精湛做工。但他们也会厌烦宾得的执拗，因为宾得望远镜的很多接驳方式和其他望远镜不通用，这就使搭建宾得系统成了一个无底洞。此外，宾得的望远镜设备虽然小巧，但极其沉重，也属于用重量换取操作感的典型。

3.6 寻常百姓家

"这种天文望远镜，会出现在圣诞节的礼物堆里，小孩子们见到后会兴奋几天，然后用它看看月亮，有时甚至连一次月亮都没有看过，就会被封起来扔到角落，然后在跳蚤市场再次出售。但第二年，圣诞节的礼物堆里依然有这种望远镜的影子。它们用起来摇摇晃晃，非常糟糕。"——这就是玩家对"家用天文望远镜"的评价。天文爱好者们对这种望远镜，真是嗤之以鼻。这类望远镜有很多别号，比如"百货大楼望远镜"，意思是说它是在百货大楼里销售的低质量廉价品，而且品牌也是百货大楼的名字，比如老佛爷天文望远镜、西尔斯天文望远镜。当然，也因为其在圣诞礼物中经常出现，这类望远镜也被戏称为"圣诞节望远镜"。不过这也不能责怪厂家，因为在大多数人眼中，天文望远镜就应该是在高高的架子上，安装一个细长的管子。如果谁在圣诞节礼物中，放一台专门用于目视观察的道布森望远镜，那么收到礼物的孩子一定会哭着说："不！这不是天文望远镜！"

在本节，我们不会去批判那些低档劣质的天文望远镜，因为即便是大众消费品的定位，有些小天文望远镜也做得很精彩。

月球镜

20 世纪 50 年代，也就是小天文望远镜的第一波高潮到来之时，大批新手进入天文爱好者队伍中。这些人购买望远镜，并喜滋滋地用望远镜观看夜空，结果却不免有些失望——目镜中并没有像照片中那样漂亮的星云和星系，也看不清土星和木星，只有月亮还值得一看，这些昂贵的设备并没有想象得那般物有所值。针对

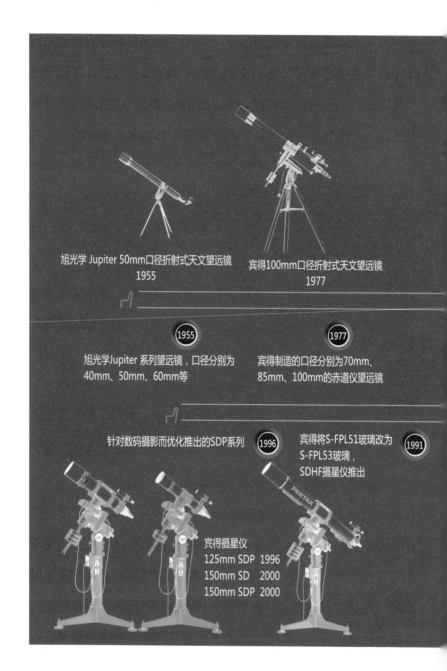

旭光学 Jupiter 50mm口径折射式天文望远镜
1955

宾得100mm口径折射式天文望远镜
1977

1955

旭光学Jupiter 系列望远镜，口径分别为
40mm、50mm、60mm等

1977

宾得制造的口径分别为70mm、
85mm、100mm的赤道仪望远镜

针对数码摄影而优化推出的SDP系列

1996

1991

宾得将S-FPL51玻璃改为
S-FPL53玻璃，
SDHF摄星仪推出

宾得摄星仪
125mm SDP 1996
150mm SD   2000
150mm SDP 2000

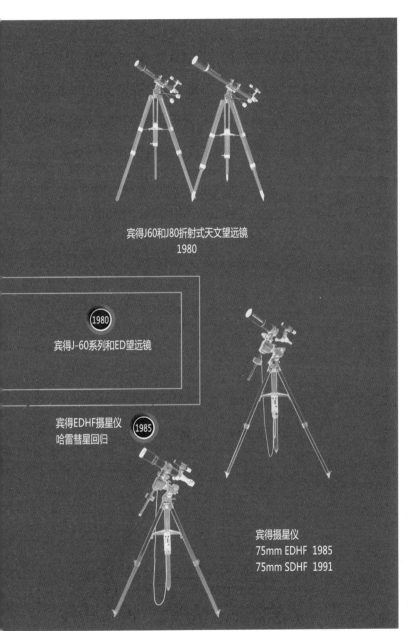

宾得J60和J80折射式天文望远镜
1980

1980
宾得J-60系列和ED望远镜

宾得EDHF摄星仪
哈雷彗星回归
1985

宾得摄星仪
75mm EDHF 1985
75mm SDHF 1991

宾得小天文望远镜发展历程

这个情况，一些厂家果断面向入门人群，特别是面向家庭，推出了一些低端望远镜，这些望远镜只能用来观看月球，所以这种望远镜也被称为月球镜（Moonscope）。实际上这也告诉人们，如果你只是个入门汉，那就花 20 美元，看看月球算了。

月球镜比较经典的款式之一，是西尔斯公司推出的反射式月球镜。西尔斯公司始建于 1893 年，是一家经营项目繁杂的老牌连锁商店，20 世纪 60 年代，这家公司开始进口并售卖日本产望远镜。这款反射式月球镜从工艺、用料到光学上都做了很多简化，其主镜为口径 8cm 的反射镜镀铝膜，采用木质三脚架支撑，调焦座和旋钮采用塑料元件。但西尔斯公司在镜筒外观上做了不少文章，在镜筒上画满了星图和月球，其价格在 19.99 美元，比当时正规的天文望远镜便宜了一半。

航天飞机镜

1947 年，美国人杰克·莱文开始了他的发财之路，他成立了一家公司并从国外进口珠宝、烟草以及法国制造的双筒望远镜，公司销售的商品琳琅满目。杰克的生意越做越红火，最初这家公司名叫"Jake and Son"，后来干脆简称为 Jason，它就是后来的 Jason

望远镜公司的前身。杰克的儿子迪克专注于望远镜产品，不久就将其发展为一个知名品牌。1977 年，卡尔松公司预感到 Jason 望远镜未来可能会有大发展，就收购了 Jason 公司，在此之后，Jason 望远镜开始出现了各种有趣的设计。

毫无疑问，Jason 公司在 20 世纪 80 年代生产的航天飞机镜是当时最受欢迎的望远镜产品之一。这款望远镜的设计极为独特，Jason 公司获得了美国国家航空航天局（NASA）的授权，以美国经典的航天飞机为外形设计了这款望远镜。这款望远镜的物镜在航天飞机模型的前端，飞机的"黑鼻子"打开便是双胶合的物镜。目镜位于航天飞机模型尾部，3 个推进装置就是 3 个目镜的插槽，其中一个可以延长出来加上天顶镜。寻星镜位于航天飞机模型的垂直尾翼上，可以锁死，也可以左右摇摆。作为一款给儿童使用的天文望远镜，其主要功能一点不少，只可惜这款望远镜的外壳全部用塑料制成，时间久了，飞机会显得有些发黄。

虽然这款望远镜的外观很好看，但其整体结构依然如其他家用望远镜一样松散，支架系统也不是很稳定，所以在观测月球时效果并不理想。不过与其他家用天文望远镜相比，这款望远镜还是收获了不少好评，毕竟对于很多天文爱好者而言，在圣诞节收到这架航天飞机镜时，天文的梦想就开始伴随一生。

Jason 公司的航天飞机镜

图中这个迷你的海尔望远镜并非一个模型，而是一个可以用来观测的牛顿反射式天文望远镜

家用极致

并非所有的家用天文望远镜都粗糙简易，20 世纪六七十年代，以及 20 世纪 80 年代的一些家用天文望远镜在设计和功能上还是有独到之处的。以 Jason 天文望远镜为例，它曾经出过一款大众喜爱的型号——Jason 313 型，该型号以配件丰富著称。它配备了折角式的太阳观测投影板，这个装置安装在目镜端，太阳光经过天顶镜后折射了 90°，正好投在板子上；还配备了单反式的寻星镜，这个装置在现在的天文望远镜上几乎看不到了，其优缺点兼有：优点是避免了校准之苦，切换迅速；缺点是寻星镜太小，尤其是目镜端小，视野昏暗。这款望远镜还有一处细节也很贴心，其三脚架托盘上加装了一枚小灯，颇为精致，电池盒固定在托盘边缘，一个红色的开关，一个金属折臂带着小灯，白色塑料灯罩可以将光线变得柔和。

如果对这类望远镜稍作调研就会发现，配件丰富的小折射式天文望远镜厂商并非 Jason 一家，像西尔斯、Bushnell、Tasco 这样的厂家，也都有过类似的产品。比如 Bushnell 有一款 454 型号的望远镜，样子几乎与 Jason454 望远镜一样，而且生产厂都是日本东和和 Tanzutsu。在那个时代，日本的各个望远镜工厂似乎是一个整体，数十个品牌相互竞争，又相互协作，书写着天文望远镜江湖上的爱恨情仇。

与 Jason 一样，Bushnell 是 20 世纪 40 年代建立的老牌美国公司，最开始同样是以望远镜贸易为主，买卖进口货，后来开始自主制作一些光学产品，主要是双筒望远镜、枪瞄镜等，也贴牌过一些小望远镜。至于日本东和，现在这已经是一家印度公司了。不过在之前，这是一家著名的日本望远镜制造商。20 世纪 70 年代，米德望远镜起家的时候就是进口了东和生产的望远镜。当时还有一个望远镜品牌叫 Carl Wetzlar，看起来像是卡尔·蔡司（Carl Zeiss）和厄恩斯特·莱茨·韦茨勒（Ernst Leitz Wetzlar）的合体，但其实也是东和的产品。

彗星镜

2010 年年底，一位日本老爷子突然火了，因为他用望远镜目视发现了一颗新的彗星。这看上去是一件不可能的事情，要知道在如今的天文观测中，各种专业望远镜每天都在对天空进行"巡天"观测工作，小行星、彗星这类天体很难逃过专业望远镜的"围猎"。然而在这种情况下，老爷子还是发现了新的彗星，可谓神奇。如果追寻这位老爷子的背景，就会发现他还是 1968 年特大彗星的发现者——池谷熏先生。数十年的坚持让

他收获满满，如今已经有 7 颗彗星是以他的名字命名的，包括
那颗白昼可见的世纪大彗星"池谷-关冕"，这就是寻彗者的狂热。
在中国，寻彗者也颇受天文学界其他同仁的尊敬，比如我国实
现目视发现彗星突破的"彗星猎手"张大庆，他发现的那颗彗
星正好也被池谷老爷子发现了，所以这颗彗星被命名为"池谷-
张"彗星。

Jason 小型彗星镜

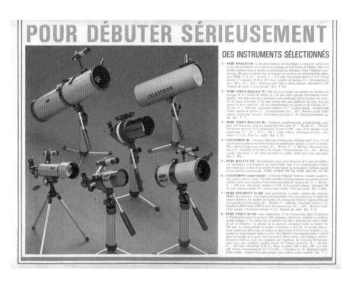

威信与星特朗合作，生产了各种形态的彗星镜
图片来源：星特朗望远镜广告页

大彗星在业余天文学界的地位，宛若皇冠上的明珠。每当有大彗星到来之时，都会引发全世界业余天文界的观测热潮。20世纪最大的一次观测热潮，就是1986年哈雷彗星的回归。当时，美国业余天文学团体已经发展40余年，各方面都很成熟。日本业余天文学团体当时也在快速壮大，人人都希望能购买一台望远镜，用它来欣赏美丽的哈雷彗星。

面对这个机会，各个望远镜制造商当然不会放过。然而对观看彗星来说，所使用的望远镜的技术指标与传统设备有所不同，它需要足够大的视场来展现整个彗星的容貌。一些传统望远镜厂家推出了短焦望远镜，比如日本的高桥制作所、宾得公司等，也有一些小型传统公司制作了望远镜观测镜，比如山本制作所（Yamamoto）、Carton 等都曾经生产过专门的"彗星伴侣"。这种望远镜依然采用了木质三脚架和赤道仪结构，口径上多采用 60mm，焦距则控制在 500mm 内。这种"彗星伴侣"制作精良，支架稳固沉重，但在大多数消费者看来，仅仅为一次彗星观赏就破费如此，实属不值。

相比之下，Jason 望远镜推出的"彗星追随者"就更符合大众口味。20 世纪 80 年代，Jason 望远镜推出了一系列"彗星追随者"望远镜，主要有以下几种类型：彗星猎手 323 型，口径为 76mm，焦距为 480mm 的牛顿反射式天文望远镜；彗星猎手 328 型，口径为 114mm、焦距为 1000mm 的施密特 - 牛顿式天文望远镜，这款施密特改正镜是由 Tanzutsu 公司制造，而组装是东和株式会社；彗星猎手 334 型，口径为 114mm 的牛顿反射式天文望远镜，该款配置了单反寻星设备，这种装置现在已经看不到了；彗星猎手 335 型，可以将其看作是 323 型的改进，它把 323型变成了长焦距望远镜；彗星猎手 336 型，同样是长焦距设备。在国外一些天文爱好者的记忆中，20 世纪 80 年代到处都有 Jason彗星猎手 323 型的身影，它是当时人们心目中最轻便的天文望远镜；叉臂式地平设计，打圆孔以尽量减轻重量；3 个金属杆代替脚架，作为桌面支撑；超短镜筒，480mm 焦距；密闭镜筒，前端有密封玻璃，结实稳固；寻星镜一丝不苟，而且带天顶镜的寻星镜在当年并不多见，每一个细节都是为便携目视巡天观测而设计；镜身的橘黄色设计很符合那个年代中高档天文望远镜的气质。实际上，当时类似的望远镜产品有很多，Tasco 推出了单臂式的彗星镜，星特朗也推出了小型化的短焦设备，日本的威信则生产了桌面式的中央立柱式短焦牛顿反射式天文望远镜。而从日本望远镜制造业的数据上看，这一时期的生产量攀升到顶峰。

殊不知，小天文望远镜的一次灭顶之灾即将到来。

Tasco 的彗星镜和家用简易望远镜
图片来源：Tasco 望远镜广告页

3.7　日本的大众策略

如今，日本有着全球数量最多的二手天文望远镜店铺，也有世界上唯一一家天文望远镜博物馆。日本人对天文望远镜的喜爱由来已久，日本民间天文望远镜的保有量巨大，二手交易火爆，收藏者众多。在日本天文爱好者看来，在第二次世界大战前，尼康、西村、岛津、五藤等品牌的发展，是日本产天文望远镜的第一个黎明时代；第二次世界大战后的精光、旭光等品牌带来了第二个黎明时代；之后随着高桥、威信、肯高、Astro 等品牌的发展，日本产天文望远镜在 20 世纪 80 年代达到一个巅峰，随后又跌入低谷。其中，20 世纪七八十年代的产品最具有日本特色。

科幻风格的梦想

1823 年，诗人克莱门·克拉克在《圣诞前夜》中写道：

圣诞老人的驯鹿在天空中

跑得比老鹰还快，

他吹着口哨，喊着："

现在，Dasher！

现在，Dancer！

现在，Prancer 和 Vixen！

上啊，Comet！

上啊，Cupid！

上啊，Donder 和 Blitzen！"

威信（Vixen）作为圣诞老人的一只驯鹿，在夜空中飞驰。威信的英文原意是箭头或者雌狐，在这里可以理解为天箭座或者狐狸星座。或许就是这样一个巧合，让威信天文望远镜有了自己的名号。

天文社这个冷门题材频繁出现在日本动漫中，而故事内容也大同小异：几个学生出于对天文的热爱，奋力维系着天文社的活动，并沉醉其中。他们手里总会有一台标准的学校用折射式天文望远镜。在动漫中，威信是学生们手中时常会露出的望远镜品牌。中国的威信用户也不少，特别是在 20 世纪八九十年代，一些中学或少年宫购入望远镜的主要品牌就是威信。日本的威信望远镜和高桥望远镜，分别代表了两种不同的路线，面对两种不同的人群，威信望远镜面向学校、面向大众，高桥望远镜面向爱好者、面向玩家，二者在各自的领域中大显身手。

1949 年，威信的前身，由筑田高雄创办的光学企业成立，1957 年开始海外销售业务。20 世纪 50 年代，日本生产的望远镜产品质量并不高，但这个情况很快就发生了转变。1966 年，威信的前身决定生产小天文望远镜,天文爱好者对此充满了期待。1969 年,威信这个品牌正式推出。20 世纪 80 年代,威信开始大量生产望远镜,起家的是高质量的小折射式天文望远镜,比如中国天文爱好者比较熟悉的 Custom-80,就是 20 世纪七八十年代生产量很大的一款望远镜。Custom-80 早期采用木质三脚架,后期更换为金属三脚架、口径为 70mm,焦距为 910mm,目镜端为 23mm 小口径,低倍目镜为 K 目镜,高倍目镜为 OR 目镜。这种配置比 20 世纪 90 年代初中国生产的设备还要高一些,国内产品常用 H 目镜。H 目镜是两片结构的惠更斯目镜,也是一种经典而简单的设计。威信望远镜配备的是稍微复杂的三片两组凯涅尔目镜(K 目镜),高倍采用的 OR 目镜是四片两组的阿贝无畸变目镜,工艺要更复杂一些。在威信的早期产品中,为了让购买者获得更好的目视观测体验,威信还在低倍目镜中使用过四片三组的设计,但后期因考虑成本,取消了这种配置。

在巅峰时期(20 世纪 80 年代),威信做过不少尝试,比如半复消色差望远镜、萤石望远镜,还有一些抛物面牛顿反射式天文望远镜。比较有意思的是,威信的电子控制系统一直在业内领先,20 世纪 80 年代就有了内置天体信息的手控板,后来大家都使用手控板了,它又放弃手控板,改用游戏机般的星图控制装置。因此,中国有不少人不喜欢威信的中高端产品,感觉太像玩一台电子游戏机。

威信的 125s 短焦反射式天文望远镜

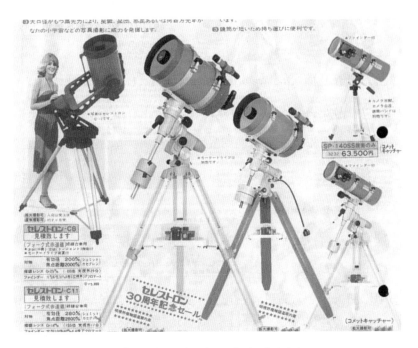

星特朗与威信合作，出口设备到日本的广告
图片来源：星特朗望远镜广告页

威信开发过著名的 VISAC 系统——威信六阶非球面卡塞格林（Vixen Sixth-Order Aspheric Cassegrain）式望远镜，被称为穷人的 R-C 望远镜。20 世纪 90 年代后，随着望远镜市场的衰落和中国望远镜生产厂的兴起，威信被迫调整战略，放弃了高端市场，转而凭借自己的电子优势和制造精度优势，专心做高质量的入门望远镜，转型后的威信躲过一劫，在市场竞争中存活了下来。

玩镜者说

威信在天文望远镜制造行业中一直扮演开拓者的角色。20世纪 80 年代末到 20 世纪 90 年代初，威信在中国有着良好的口碑，它的产品主要覆盖中低端，但低端产品也有良好的做工。其中的典型作品就是 20cm 口径的反射式天文望远镜，中国有不少人购买，并将其看作宝葫芦望远镜的升级品。

150 大黄——日野 MIZAR 天文望远镜

20 世纪 80 年代，中国天文爱好者能够用到的"高端进口"望远镜很少，一个是威信的小型折射式天文望远镜，当时性价比非常高；另一个就是黄色的 MIZAR 150mm 口径天文望远镜，这款一般是科技馆或者少年宫才买得起。北京市少年宫在哈雷彗星到来前曾购置过一套，但在测试时直接使用了 220V 电压，导致线路板烧毁，让人欲哭无泪，最终只得手动跟踪进行彗星拍摄。

MIZAR 的背后是日野公司，该公司于 1952 年成立，本来和望远镜并没有什么关系，主要从事接地棒、电线套管等金属材料的代理业务，所以也叫作日野金属公司（HINO）。20 世纪 80 年代末，开往北京首都机场的那种黄蓝色高端大客车，就是日野金属牌的。

1956 年对日野来说是转机之年，那一年火星大冲，日野的社长生沼好三想给儿子买个天文望远镜观察火星，并同时想到一个商机——何不进军望远镜产业？毕竟天文观测在日本教育中占比不小，而且望远镜产业应该大有前途。此时的美国，小天文望远镜已经迎来一波发展，对大众而言，便宜是王道。这个想法影响了生沼好三的商业思路，他开始着手开发小口径天文望远镜。1957 年，日野首批天文望远镜产品面世——口径 40mm 和 60mm 的折射经纬仪望远镜，至此，MIZAR 天文望远镜品牌创立。MIZAR 的中文意思是北斗七星中的倒数第二颗，它是著名的目视双星，主星叫开阳（Mizar），伴星叫开阳辅（Algol）。说来也巧，Algol 是 20 世纪 70 年代苏联 TAL 望远镜第一款产品的名字。

不出生沼好三所料，没几年，日本的天文大事件和世界天文的发展使望远镜大火。先是 20 世纪 60 年代初，年仅 19 岁的池谷薰发现了掠日大彗星，该彗星号称 20 世纪最为耀眼的彗星。之后美国的阿波罗计划不断发展，日本的望远镜生产额不断扩大：1960 年生产额不过 10 亿日元，1979 年就变成了 49 亿日元。考虑到物价上涨因素，这个增长应该有 2 倍以上。从此，日野的业务慢慢过渡到光学产品。

1965 年，MIZAR 发售了划时代的 H-100 型 100mm 口径的赤道仪反射式天文望远镜，该产品深受市场欢迎，从 1965 年发售至 1979 年实际生产结束，MIZAR 到目前为止的累计销售台数突破了 5 万台。受此影响，在持续扩大的天文望远镜市场中，日野的市场占有率急速上升，1969 年，日野创下了在日本国内市场占有率达到 55% 的纪录。在当年的问卷调查中，"你觉得哪个厂家的望远镜好？" 31% 的人的回答是 "MIZAR 望远镜"，足见其人气之高。此外，随着休闲热潮的兴起，日野参与了三菱汽车公司天文观测车的开发，产品称为 "Ursamajor"，意思是大熊座，也就是双星 Mizar 所属的星座。日野基于三菱面包车，在车上配备了折射赤道仪，并在第 15 届东京车展上展出。

到了 20 世纪 80 年代，MIZAR 紧跟潮流，开始了多彩的镜身设计，同时也开始制造流行的折反射设计望远镜。在这种大环境下，本节一开始提到的那个 150mm 口径的大黄诞生了。在 20 世纪 80 年代的日本，日野 MIZAR 的竞争对手应该是威信，实际上也确实如此。1985 年，在哈雷彗星即将回归之时，在全球需求强劲的背景下，日本天文望远镜的产值达到了约 245 亿日元的历史新高。紧随这一浪潮，每家公司都在开发新产品，威信、MIZAR 也开始着手开发新的自动赤道仪系统。然而这一战，对于 MIZAR 来说是毁灭性的打击，它的产品完全败给了对手，最重要的是，整个天文望远镜行业也随之遇到了不利因素。1985 年，为响应《广场协议》，

日元开始升值，这导致日本产品与海外产品相比，其价格竞争力
下降了。各公司通过 OEM 供应等方式进行的海外出口业务受到严
重破坏，海外产品的国内价格暴跌，市场竞争加剧。哈雷彗星回
归后，望远镜市场开始迅速萎缩。1985 年，日本天文望远镜行业
的总产值约为 245 亿日元，而 1986 年之后的 3 年中，望远镜的产
量减少了一半，当时有一个名词来形容这次业余望远镜的灾难——
哈雷休克（Halley Shock）。

　　1987 年，日野与 EIKOW 集团合并，EIKOW 也是家天文望远
镜老厂，经过这次合并，EIKOW 品牌消失，MIZAR 虽然得以幸存，
但雄风不在。如今，只有些"百货大楼"望远镜，还打着 MIZAR
的标志进行售卖。

照相机厂的客串

　　除了尼康、宾得这类照相机器材厂商外，20 世纪 80 年代还
有一些其他照相机厂家尝试过天文望远镜的生产，比较知名的有
威达（Vivitar）、雅西卡（Yashica）、肯高（Kenko）。威达的
天文望远镜品类很少，基本以低端家用型为主；雅西卡在 20 世
纪 80 年代出过不少系列望远镜，以小型折射式天文望远镜为主；
天文望远镜产出规模最大的是以生产镜头、滤镜闻名的肯高公司。

在很多人的印象中，肯高并不是家光学名厂，但实际并不是这样。肯高如今的社长山中彻，是 HOYA 光学的创始人山中茂的儿子，肯高公司在 1974 年后就开始自行设计和销售天文设备，公司最有名的天文部件是携带型赤道仪。有了 HOYA 光学的加持，肯高天文望远镜物美价廉，在 20 世纪 70 年代也是日本天文望远镜五大厂之一，其代表作为卡塞格林式的反射式天文望远镜。肯高早期的天文望远镜广告在 20 世纪 60 年代末就开始出现，20 世纪 80 年代之前，肯高的设计都中规中矩，20 世纪 80 年代之后，才有了自己的风格。

经典的卡塞格林望远镜有两个反射镜，主镜和副镜都为球面镜，这类望远镜因为焦距长，造价高，很少有厂家专门制作，肯高的 125c 型是 20 世纪 80 年代少有的卡塞格林望远镜的代表作。这款望远镜口径为 125mm、副镜为 60mm、焦距为 1000mm，*F*/8.0 的焦比是典型的卡塞格林望远镜常用焦比。镜身颜色最开始采用白色，后来更换为被欧洲人戏称为"鸟蛋蓝"的特殊色彩，支撑部分为浅灰褐色，很符合日本望远镜的配色特征。

肯高望远镜的另一个特点是多用途。因为有相机镜头制造的基础，肯高公司所生产的望远镜大部分可以涵盖 3 个用途：天文、观景、摄影。20 世纪 80 年代，肯高公司发售了一款超小型的折反射望远镜——mirror scope 300，它是当时世界上最短粗的望远

日野 MIZAR150 "大黄" 望远镜，20 世纪 80 年代中国少年宫的流行用镜

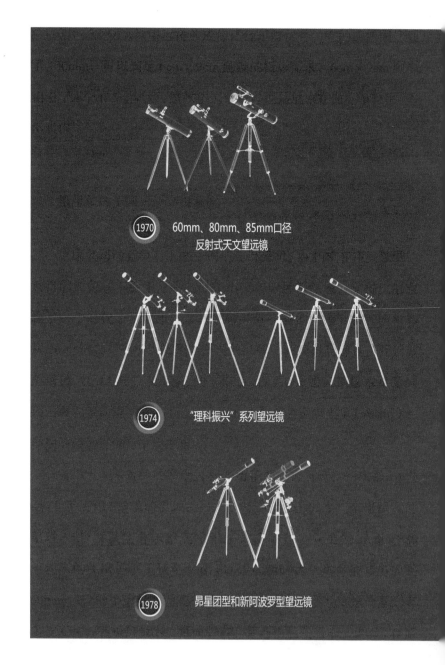

1970 60mm、80mm、85mm口径
反射式天文望远镜

1974 "理科振兴"系列望远镜

1978 昂星团型和新阿波罗型望远镜

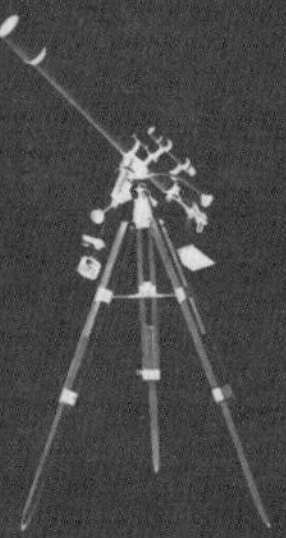

68mm口径
赤道仪折射式天文望远镜

100mm口径
赤道仪反射式天文望远镜

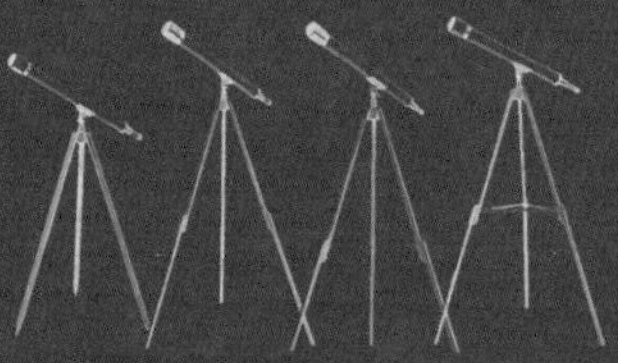

简易学生天文望远镜

H-100型
反射式赤道仪望远镜

P-100型
反射式赤道仪望远镜

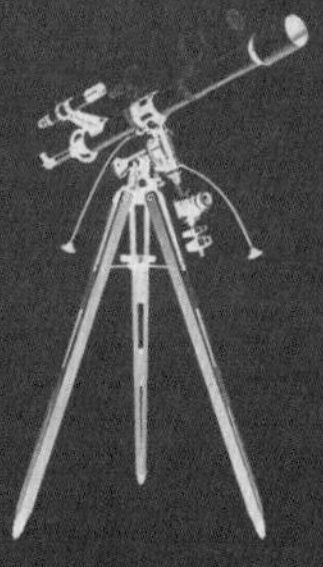

凯撒型80mm口径赤道仪望远镜

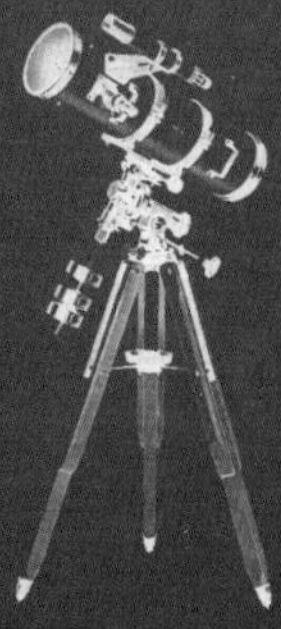

150mm口径
反射式赤道仪望远镜

20 世纪 70 年代的日野 MIZAR 小天文望远镜

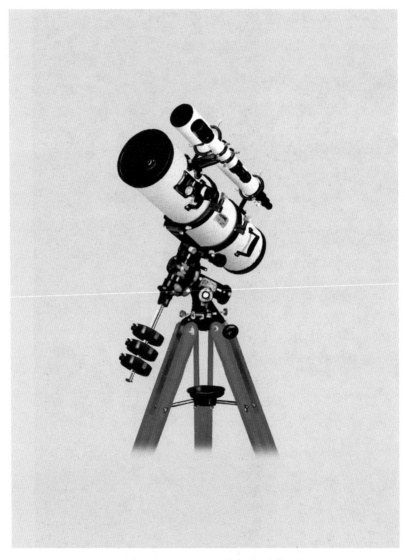

日野 MIZAR150mm 口径反射式天文望远镜

镜。这款短粗折反射望远镜的焦距是 300mm，焦比为 $F/5.0$，而口径只有 60mm。配一个目镜，这款望远镜的倍率可达 25 倍。由于是 300mm 的折反射设计，所以这款望远镜的镜身非常短，再加上其焦比相对更明亮，达到了 $F/5.0$，所以镜身主体部分厚度可能还不到 80mm，约和口径相当。现在一些 300mm 镜头的焦比大多是 $F/6.3$，所以看起来远没有这个镜头有喜感。这款望远镜的一个有趣的设计是其丰富的后端配件，首先是相机的 T2 卡口，在 20 世纪 80 年代，T2 卡口的通用性较高，可以方便地顺接尼康、佳能、宾得等相机，所以把它当作便携长焦镜头来用完全没有问题。另一个有趣的设计是为了观鸟方便，这款望远镜有水平和 45° 正向两种后端，这就是为什么这款望远镜能拆下一个圆锥状结构。为了天文观测，这款望远镜还配备了 90° 天顶镜。不过它只能安装在小型相机支架上，肯高并没有专门为它设计别的赤道仪或者其他天文附属装置。

肯高的另外一件名作是 SKYMEMO 星野赤道仪，该产品设计坚固耐用且携带容易。早期 SKYMEMO 采用了淡绿色色调，与 20 世纪 80 年代肯高自行设计的一些产品色彩相仿。早期的星野赤道仪很多没有重锤设计，大多是双侧各带一个相机，而且两段各带伸缩杆，具有很强的调节能力。一套装置组装下来，总有一种机器人的感觉。SKYMEMO 星野赤道仪是肯高望远镜系列产品中最为长寿的产品之一，直到现在依然有人在使用。

众星云集

小岛修介是日本早期小天文望远镜领域内响当当的人物，他是五藤光学研究所的共同创始人之一。1950 年，33 岁的小岛修介从五藤光学研究所辞职，独自创办了望远镜生产厂 Astro，专心研究小天文望远镜的制造技术。1955 年，日本望远镜社成立，小岛修介任社长。1956 年，Astro 光学社成立，小岛修介任社长。1958 年，Astro 光学社破产，同年 Astro 光学工业成立，但是小岛修介并不在创始人之中。两年后，也就是 1960 年，小岛修介英年早逝，当时日本各家天文望远镜厂的高层听到此消息都非常惋惜，认为这是日本小天文望远镜领域的一大损失。直到 20 世纪 80 年代，高桥制作所的高桥喜一郎回忆起这段时光，还痛心不已。那时，日本的天文爱好者数量并不多，小岛修介的望远镜无人问津，因此他不得不四处奔波，到处推销。高桥制作所则是由于从 20 世纪 60 年代开始接受美国 Swift 的订单，才生存了下来。

20 世纪七八十年代，日本的天文望远镜品牌空前繁荣，Astro、五藤、高桥，以及前文提到的尼康、宾得、威信等品牌只

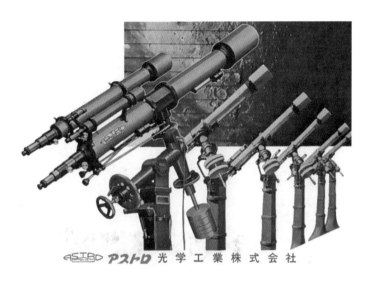

Astro 望远镜广告

图片来源：Astro 望远镜产品手册

20 世纪 60 年代的日本业余天文活动

图片来源：Astro 望远镜产品手册

是其中很少一部分，大部分品牌并不为中国爱好者所知晓。在日本天文望远镜爱好者眼中，日本国内的生产厂主要可以分为三类：第一类为主流折射式天文望远镜生产厂，包括尼康、宾得、五藤、高桥、Astro 等。第三类为反射式天文望远镜生产厂，包括西村、岛津、关西光学等。第二类生产厂最为复杂，属于特色望远镜厂，其中的光学厂非常多，而且个性鲜明。

在第二类望远镜厂中，除了威信、Carton、肯高之外，日野MIZAR 也非常出名。与多数面向低端市场、学校教育的品牌一样，日野的望远镜以小口径折射式天文望远镜为主，早期产品较为单一，后期考虑到摄影需要，高端款式采用了双镜筒的配置，并在赤道仪上增加了相机的悬挂点。与之类似的还有 EIKOW 天文望远镜，不过 EIKOW 品牌早期生产过一款采用了牛顿反射式加伸缩镜筒设计的高端产品，这款产品目镜端配合有三孔转塔，在千篇一律的日本望远镜中显得非常不同。

井细光学也是一家很有特色的制造商，20 世纪 80 年代初期，正当美国的 Coulter 开始推出奥德赛系列道布森反射式天文望远镜时，井细光学就推出了他们自己的道布森反射式天文望远镜。井细光学的道布森反射式天文望远镜有 20cm 和 25cm 口径两款，样子方头方脑，但由于采用了两根支撑杆，更为轻便。20cm 口径的

Astro 175mm 口径短焦牛顿望远镜

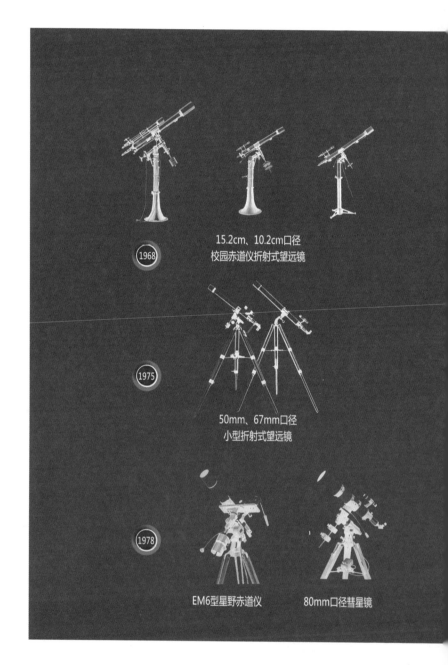

1968
15.2cm、10.2cm口径
校园赤道仪折射式望远镜

1975
50mm、67mm口径
小型折射式望远镜

1978
EM6型星野赤道仪　　　80mm口径彗星镜

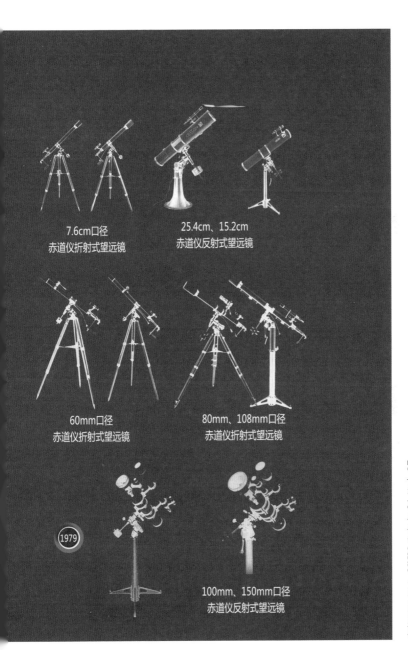

7.6cm口径
赤道仪折射式望远镜

25.4cm、15.2cm
赤道仪反射式望远镜

60mm口径
赤道仪折射式望远镜

80mm、108mm口径
赤道仪折射式望远镜

1979

100mm、150mm口径
赤道仪反射式望远镜

20 世纪 70 年代的 Astro 小天文望远镜

EIKOW 天文望远镜，早期采用伸缩设计

道布森反射式天文望远镜只有 13kg 重，价格为 9800 日元，在当时相当于 300 多元人民币，价格很亲民，似乎很多人都可以使用井细光学的产品进行"星空漫步"。旭精光研究所（ASKO）的产品主要为反射式天文望远镜，其产品在 20 世纪 60 年代已颇具规模，到了 20 世纪 80 年代，旭精光研究所利用大口径优势，开始

井细光学的道布森反射式天文望远镜

进军准专业路线，目标定位是各种机构和学校，生产了 40cm 口径，甚至 60cm 口径的反射式天文望远镜。三鹰光器的小天文望远镜于 1966 年开始生产，产品的品类繁多，其特殊相机设备还被美国航天飞机带到了天上。三鹰光器在 20 世纪 80 年代已经掌握了各种复杂的赤道仪技术，后期开始建造 1m 口径的大型反射式天文望远镜，以及太阳观测专用天文望远镜。据说去三鹰光器应聘的人会遇到各种奇怪的考题，比如给自己画自画像、吃烤鱼、制作纸飞机等。

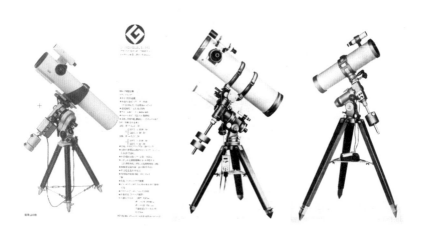

三鹰光器的望远镜

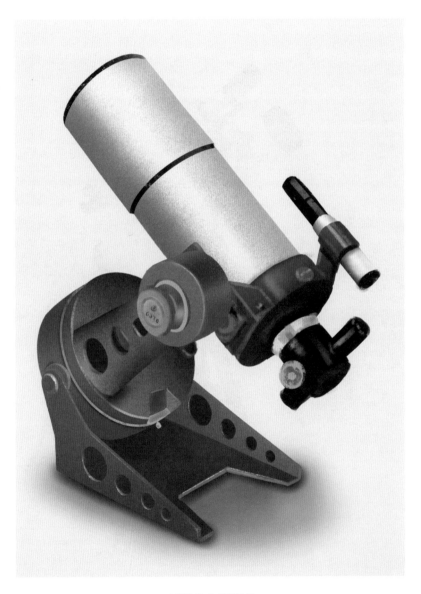

五藤的紧凑型望远镜

五藤反射式天文望远镜

3.8 中国制造

如今，大多数小天文望远镜都是中国制造，中国业余天文设备制造在近 20 年来发展势头迅猛，直接将业余天文爱好者所用器材带入了一个新时代。不过，这个时代还在迅猛发展中，笔者目前还无法对这个时代做一个总结。或许在若干年后，笔者会写一本书详细论述 2000 年之后的国产天文望远镜。其实，中国在 20 世纪 90 年代以前制造的业余天文设备很少有人知晓。但如果这段历史没有好好记录下来，恐怕以后会令人追悔莫及。

1938 年福建协和大学使用的望远镜

南京天文仪器厂与 120mm 口径的马克苏托夫 - 卡塞格林望远镜

中国国家天文台兴隆观测站的一间屋子里，藏着一个年代久

223

远的好东西。有一次，我带着两位中学老师上山参观，到了晚上，他们想用望远镜看看夜空中的弦月，由于没和观测站的老师打招呼，也不好冒冒失失地用天文台的设备，就问当时值班的负责人，能不能帮忙找一台小望远镜。没想到那位负责人把我领到一间小屋子里，指着一台又老又小的望远镜说，就用这个吧。这台望远镜虽然看起来老、破、小，但做工精良扎实，搬到屋外对准月亮，成像颇为清晰，让同行的老师大呼过瘾。而且，这台望远镜有两个目镜端，一个高倍，一个低倍，切换十分方便。惊喜之余，我仔细看了看镜身上的标记，上面写着南京天文仪器厂，便知此镜不俗，这就是令老派天文爱好者交口赞誉的 120mm 口径的马克苏托夫 - 卡塞格林望远镜，简称"南天仪 120 马卡"。

南天仪 120 马卡曾是日全食观测中的主力设备

南京天文仪器厂是中国科学院下属的专业天文仪器制造厂，我国自产的很多大型专业望远镜都出自此处。南京天文仪器厂现已变成两个单位，分别是南京天文光学技术研究所和南京天文仪器有限公司，为了行文方便，本书依然使用"南京天文仪器厂"这个名字。当时设计制造这台南天仪 120 马卡的，是我国著名光学制造专家胡宁生先生，他还曾经主持生产了我国第一台自主建造的施密特摄星仪。20 世纪 70 年代中期，南京天文仪器厂决定生产一批面向爱好者和学校的高端小天文望远镜，最初的想法是生产两款望远镜，一款是胡宁生先生设计的这款 120mm 口径的马卡苏托夫 - 卡塞格林望远镜，带叉臂式电动跟踪装置；另一款是 60mm 口径的折射式天文望远镜，支架系统为地平式结构，不带跟踪装置。后来考虑到生产 60mm 口径的折射式天文望远镜的性价比不高，就只生产了这款 120mm 口径马克苏托夫 - 卡塞格林望远镜。该望远镜于 20 世纪 70 年代末被制造出来，数量约为 200 台，在 20 世纪 80 年代初期的售价，约为 7000 元人民币，如此高昂的价格，在当时连很多学校也无力承受。

南天仪 120 马卡的原创性相当高。从支撑部分看，它属于中央立柱的美国式叉臂电动赤道仪。从光学部分看，它是经典的马克苏托夫 - 卡塞格林式设计，前口稍稍收缩，目镜端有两组，一组是旋转塔式目镜，用于高低倍切换，而且还加载了导星用的小灯；

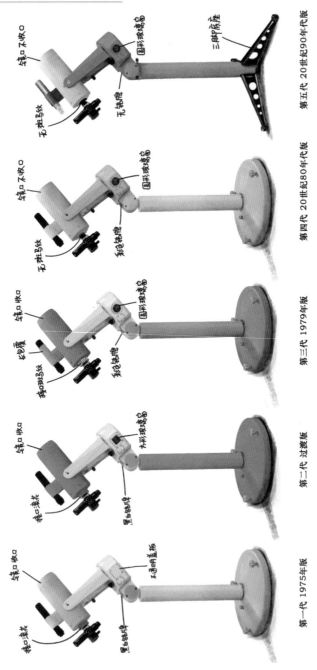

第五代 20世纪90年代版

第四代 20世纪80年代版

第三代 1979年版

第二代 过渡版

第一代 1975年版

（20 世纪 70 年代早期、20 世纪 70 年代晚期、20 世纪 80 年代早期、20 世纪 80 年代晚期、20 世纪 90 年代初期）

不同次代的南天仪 120 马卡

另一组是投影终端，是个长长的投影目镜，还配合了金属质地的投影板。两组终端的切换不是用插拔的形式，而是采用刀口形式，颇有科研仪器的严谨风范。这款望远镜的镜头盖设计也很巧妙，镜头盖上开有一个圆洞，内有螺口，可以配合两个不同的减光滤镜，这两个减光滤镜可能是一个用于观测太阳，一个用于观测月亮。此外，这款望远镜还有摄影配套装置等众多附件。南天仪 120 马卡版本众多，有土黄色、橙色、绿色等多个版本。20 世纪 80 年代末到 20 世纪 90 年代初，还有一批新版本的南天仪 120 马卡问世。

这款望远镜有两大特点，一是成像极好，当年负责检测的人员用显微镜观看放大的星象，甚至可以看到圆形的衍射环。二是这款望远镜非常坚固。20 世纪 90 年代，北师大附中的南天仪 120 马卡被大风刮倒，重重摔在水泥地上，结果光学部分依然完好，这是因为其有特殊结构，可以自动保证主镜光轴对准。有人对南天仪 120 马卡和美国 Questar 望远镜进行过比较，Questar 望远镜轻便，但在稳定性和光学设计上不及南天仪 120 马卡。

寻彗镜和其他产品

南京天文仪器厂生产了一批专门为 20 世纪 80 年代末观测哈雷彗星设计制造的设备。其中最贵的是口径 100mm、焦距 1200mm

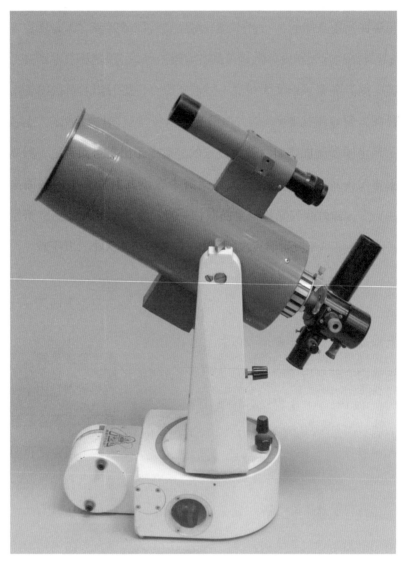

南京天文仪器厂制造的南天仪 120 马卡

的折射式天文望远镜，配有德国式赤道仪。还有一款专门设计的寻彗望远镜（口径 120mm、焦距 1000mm），配有正像镜组和地平双叉臂式支撑系统。在这两款望远镜中，前者的焦比为 $F/12.0$，后者的焦比为 $F/8.0$，这是因为后者采用了三片分离式的物镜设计，所以后者有相对更大的视场和更为明亮的视野。这两款望远镜在当时的价格均为 3500 元人民币，前者有支架系统优势，后者有光学系统优势，倘若将二者结合，就能得到一套性能卓越的彗星观测系统，而这套系统的售价为 3900 元人民币。南京天文仪器厂另有两款价格相对低廉的小天文望远镜，一款为"迷你型马卡"，是一款口径 90mm、焦距 1089mm 的马克苏托夫 - 卡塞格林望远镜，同样带叉臂式电动赤道仪支撑结构。其售价为 990 元人民币，不到南天仪 120 马卡的四分之一。另一款为口径 100mm 的牛顿反射式天文望远镜，配有手动式德国赤道仪，但有赤经方向的微调，售价仅为 200 元人民币——这个价格，大约是当时一个普通人三四个月的工资。

在 20 世纪 80 年代末哈雷彗星到来之时，南京天文仪器厂的另一款面向专业人士的产品——广角人造卫星观测望远镜也加入了业余观测爱好者使用的器材中，这款望远镜的口径为 55mm，焦距为 257mm，焦比约为 $F/5.0$，其放大倍率为 9 ~ 25 倍，低倍视角为 8°，目镜带有分化板，高倍视角为 1.5°。这款望远镜本是按照人造卫星观测要求制作的专业设备，因此在目标移动速度和精度上都很不错，还带有微动功能。这款望远镜在当时的售价为700元人民币，性价比相当不错。

宝葫芦望远镜

宝葫芦望远镜是一代天文爱好者绕不开的话题。

说起宝葫芦望远镜，不得不再次提起 20 世纪 80 年代的彗星热潮，华北光学仪器厂制造的宝葫芦望远镜就是为了当时的彗星观测而设计的，这款望远镜口径为 100mm，焦距为 500mm，焦比为 *F*/5.0，是一种适合目视观测的短焦牛顿反射式天文望远镜。宝葫芦望远镜从形式到使用都可以说是惊人之作，以至于 20 世纪八九十年代，一些学校、科技馆、少年宫的标配都是南天仪 120 马卡加上几个宝葫芦望远镜。宝葫芦望远镜虽然后来停产，但被凤凰等一些光学厂复刻过，可见其受欢迎程度。

宝葫芦望远镜说明书中的插画

利用宝葫芦望远镜进行日食观测

　　宝葫芦望远镜的设计理念在当时可谓非常先进。1976 年，美国著名的望远镜厂 Edmund 发布了一款紧凑型广角望远镜

Astroscan，这款望远镜采用了全新的设计：抛物面主镜被放在一个球里，一端开口，然后由平面镜将光路导出，固定平面镜的不是支架，而是一片硼硅酸盐玻璃。Astroscan 镜身由塑料制成，放在一个铝制带有阻尼的凹面架子上，架子与镜身贴合。Astroscan 的外形与宝葫芦望远镜有些相似，只是宝葫芦有两个球，构成葫芦形。

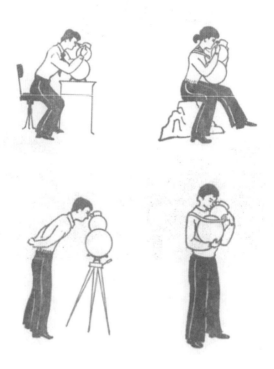

宝葫芦望远镜的 4 种使用模式

华北光学仪器厂生产的宝葫芦牛顿反射式天文望远镜

南京教学仪器厂的牛顿式望远镜

中国最早进行小天文望远镜批量生产的，既非著名的南京天文仪器厂，也非华北光学仪器厂，而是历史更久远的南京教学仪器厂与北京科学仪器厂，南京教学仪器厂也就是后来的江南光学仪器厂。北京科学仪器厂只在1958—1960年开发过153型天文望远镜，并配备了一些科普资料，尝试向学校推广，但用户稀少。而南京教学仪器厂的望远镜产品则在20世纪50年代到20世纪80年代成为天文爱好者团体使用的主力设备。

山西天文爱好者在20世纪80年代使用南京教学仪器厂生产的望远镜进行观测

20 世纪 50 年代，南京教学仪器厂完成了多项创举，其中包括在 1954 年成功研制出生物显微镜，同年还与紫金山天文台合作，完成了"五四式月地运行仪"的研发，并向全国中小学推广。1958 年，南京教学仪器厂再次与紫金山天文台合作，仿照德国 60cm 反射式天文望远镜，制作了一架口径为 62cm 的反射式天文望远镜。也是在这段时间，南京教学仪器厂产出了我国第一款小天文望远镜。这款望远镜口径为 100mm，采用牛顿反射式设计，镜筒采用两段式，即主镜和副镜所在的位置是封闭镜筒，两部分之间用铁条连接，但这个铁条是固定的，并不能起到伸缩效果。该款望远镜采用简单的地平式支撑，前端有地平高度角的微动调节杆。在很长一段时间内，国内天文爱好者在设备上并没有太多选择空间，虽然这款望远镜笨重不便，光学成像也并不出众，但即便到了 20 世纪 80 年代，这款望远镜依然是一些民间天文组织使用的主力设备。

紫金天文望远镜与晓庄 TK80 系列望远镜

青岛观象台，这座诞生于 19 世纪末的天文台实在充满魅力，有古老的天图式赤道仪、老天文学家手绘的太阳黑子图、木和金属交融的各种天文望远镜，还有过去某位德国诗人撰写的诗文：

"任凭风暴汹涌，抑或电闪雷鸣，远航的船舶啊，请你放心"。

在百年老台，随便一个物件都非常有意义。即便是在天文台的角落，也留存着历史——一台中国于 20 世纪 80 年代末生产的紫金赤道仪天文望远镜。这款天文望远镜在中国天文望远镜生产史上有着特殊的地位。在 20 世纪 90 年代前，我们极少见到国产赤道仪望远镜，带有赤道仪结构的天文望远镜均为高端型号，总产量通常在百台左右，存世量稀少。这款紫金天文望远镜由南京市十三中校办厂（即南京紫金电光仪器厂）制造，该工厂建于 1958 年，是一家以生产光学仪器、制作模具为主的综合性工厂。这家工厂的主要产品为紫金天文望远镜（包括一型和二型），其基本配置为口径 80mm，焦距 1000mm，附件配有 3 个当时罕见的 51mm 大目镜：焦距分别为 26.5mm、11mm、7.5mm，系统分辨率 1.75 角秒。寻星镜为 8 倍，分辨率 3.5 角秒，放大倍率为 15、45、100。这款望远镜配备了太阳黑子投影板、海鸥 135 型照相机接口和地面观察的折射平面镜，而且支架非常结实，是那种工程用经纬仪的大型支架，风格上有些像蔡司的 Telementor 系列。此镜的难得之处在于，其不单有稳固的赤道仪支撑，而且带有赤道仪电动跟踪设备，但由于没有极轴镜配备，只能拍摄比较明亮的天体。在 20 世纪 80 年代末，天文爱好者能够买到的国产电动赤道仪小型望远镜只有南京天文仪器厂生产的两款以及南京两家校办厂生产的两款，这两款望远镜分别是紫金天文望远镜和晓庄 TK80 天文望远镜。

晓庄 TK80-2 天文望远镜

80mm 口径的紫金赤道仪折射式天文望远镜

在 20 世纪 80 年代，校办厂是一类非常有特色的企业，南京紫金电光仪器厂实际上是南京市十三中校办厂，而南京晓庄光学仪器厂则是南京市农业专科学校校办厂。这些校办厂的定位是面向高端用户，并以学校、少年宫和天文爱好者为主要受众群体，但实际上这一群体在当时还没有充分发展，所以这些厂生产高端小天文望远镜的时间很短，而且最后都以快速停产收尾。比如福建师大附中仪器厂生产的 55mm 口径天文望远镜，配备了两枚当时国内罕见的普罗素目镜，分别对应 55 倍和 100 倍，但其价格昂贵，少有人问津。

晓庄光学仪器厂生产的 TK80 系列望远镜共有三代产品，第一代为 TK80-1，第二代为 TK80-2，都是以木质脚架手动赤道仪作为支撑。在当时看来，主镜为 80mm 口径是一个比较亲民的选择，但在光学方面，其主镜并没有太大优势，与同时代的国际品牌相比，光学方面甚至还要弱一些。但在赤道仪设计和制造上，TK80 系列望远镜用料扎实稳固，比国外低端产品好很多，当时也有专业天文工作者购买此系列望远镜，将其作为辅助观测用具。这系列望远镜的功能较为欠缺，这是当年国产望远镜共有的问题。同时代日本生产的大众级赤道仪望远镜通常都有摄影接口、外挂相机等功能，但 TK80 系列没有这些设计，比较有特色的是垂直于镜身的太阳黑子投影板设计。20 世纪 80 年代末，TK80 系列的第三代推出了自动跟踪版本，这版在外观上更接近现代小天文望远镜。

20世纪80年代末，能够购买紫金望远镜或者TK80系列望远镜的，皆为铁杆天文爱好者，比如当时某位天文爱好者在上学时就买过一台TK80系列望远镜，据说，这花掉了他父母好几个月的工资。在普通人月工资百余元的条件下，购买上千元的望远镜，就如同现在普通家庭购买一台家用汽车。在那个年代，能够亲眼观测月球和行星，实在是一种奢侈的享受。

WGY100型马克苏托夫－格里高利望远镜

1985年，温州光学仪器厂与紫金山天文台的光学专家杨世杰老师合作，设计制作了一款天文望远镜。或许是为了直接获得正像，这款望远镜的光路奇特，采用了马克苏托夫－格里高利式的设计，也就是说副镜部分采用了凹面镜，这种光路在小天文望远镜中，可能绝无仅有。为了保证光学效果和机械加工，仪器厂特地邀请了多位专家进行验收，并将这个故事广而告之，在其产品说明书第一页，就这样写道：

"为了适应四化建设的需要，我厂与南京紫金山天文台联合试制成功了WGY100型高倍折反射天文望远镜，该仪器经中科院南京分院、浙江大学、杭州大学、苏州天文站等30多家单位教授专家们的鉴定，一致认为是按正规程序设计的科普用高级光学仪器，其物镜设计采用国际上先进的马克苏托夫 - 格里高利折反射光路，经测试其分辨率达 1.84 角秒，星点检查正圆、清晰……在国内同类望远镜中达先进水平……该仪器的物镜通光口径为 80mm，焦比为 1/13，地面观察时焦距为 803mm，天文观察或照相时焦距为 1060mm，目镜采用 2Ω=84° 的大视场目镜。主机每台：800 元，附件海鸥牌 DF 照相机一架：470 元。"

WGY100 型马克苏托夫 - 格里高利望远镜精致小巧，赤道仪也非常迷你，三脚架采用的是测绘脚架，稳定而沉重。值得一提的是，这套设备还配置了精致的皮箱。这是否受到了 Questar 的启发，我们不得而知。

中天 NF-55 望远镜

南京可以称得上中国天文望远镜制造的圣地，在专业望远镜中，著名的 2.16m 光学望远镜、LAMOST 望远镜、1.26m 红外望远镜等大型装置都出自南京。20 世纪 80 年代到 20 世纪 90 年代初小天文望远镜在国内的第一次爆发，也是从这里开始的，而且影响深远。当时的南京坐拥 3 家天文机构：1937 年建立的紫金山天文台、1952 年建立的南京大学天文系，还有 1958 年建立的南京天文仪器厂。在这些机构的影响下，南京业余天文爱好的氛围颇为浓郁，南京的很

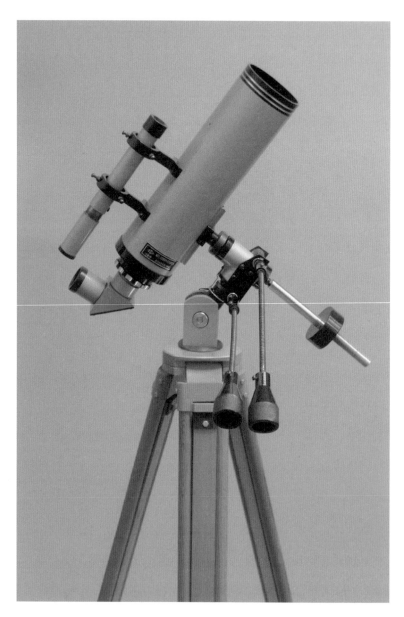

温州光学仪器厂的 WGY100 型马克苏托夫 - 格里高利望远镜

多中小学都开办过小型望远镜制作课程，按照当时的成本核算，这种自制的望远镜在 20 世纪八九十年代时都价值不菲。

20 世纪 80 年代，南京城中冒出了多家天文望远镜制造厂，比如南京晓庄电光、南京紫金电光仪器厂、南京光塑教学、中天仪器等公司。中天仪器是当时由 4 家机构联合创办的合资公司，除了代理 MIZAR 一类的进口产品外，还自行开发了 NF 系列小天文望远镜，其中最有特色的一款望远镜型号为 NF-55，该款望远镜以坚固耐用著称，是专门为学校活动设计的。这款望远镜虽然物镜只有 55mm，却采用了非常厚重的镜筒、叉臂式水平经纬调节装饰，以及稳固的木质三脚架。为了省去观测时更换目镜的麻烦，NF-55采用了双目镜结构，利用棱镜将光路一分为二，使用者可以任意切换倍率。其目镜也采用了高质量的普罗素结构，但设计倍率偏高，使用起来有些不便。另外值得一提的是，这款望远镜采用了鲜明的天蓝色（早期为浅黄色），配合黄色的木质脚架，给人的感觉颇为明快清新，即便用今天的眼光看，这种颜色搭配也令人感觉非常舒适且不落俗套。

南京浓郁的天文氛围持续至今，虽然如今南京大学天文系已经改为南京大学空间科学学院，原来的南京天文仪器厂新成立了南京天文光学技术研究所，以及南京天文仪器有限公司——以往的那些公司早已消失不见，如今长三角一带也已经是新的民营光学企业的天下，但我每次和民营光学企业的朋友们聊起来，总会发现现在不少经营者和技术人员，与20世纪八九十年代南京城中的公司有着千丝万缕的联系。

云南"熊猫"和四川"金都"

北京百货大楼在20世纪七八十年代是一个特别的地方，在那个年代，似乎别的地方买不到的东西，都能在百货大楼中寻到踪影。但在这幢大楼里，并没有天文望远镜。进入北京市场的第一款天文望远镜，是昆明光学仪器厂的一款简易小型折射式天文望远镜，其使用了简易的地平式支架，配备了4mm、10mm、20mm 3个目镜，对于这种小口径长焦距的望远镜而言，4mm 和 10mm 的目镜效果并不好，只有20mm 的目镜适合使用。昆明光学仪器厂的前身是昆明兵工署22厂，该厂于20世纪30年代生产了中国第一款批量制造的小天文望远镜，后来的昆明仪器厂依旧是军工厂，又被称为298厂。1966年后，该厂部分民用生产业务被分离出来，成立了昆明光学仪器厂，后来闻名全国的熊猫牌天文望远镜就是该厂的产品，而熊猫版天文望远镜中大多数款型是双筒望远镜。1986年，云南人民广播电台曾反复播放着这样一则广告：

"哈雷彗星划过太空的音响——亲爱的听众，美丽壮观的哈雷

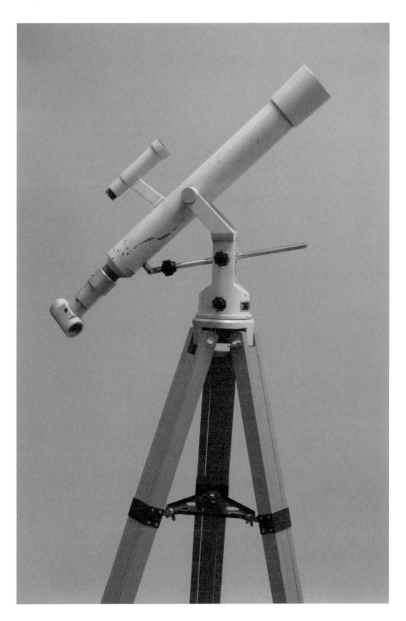

中天 NF-55 望远镜

彗星，从今年 11 月到明年 5 月期间飞近地球，要想欣赏这个奇妙的星体，请用云南昆明光学仪器厂的熊猫牌天文望远镜。哈雷彗星犹如披着长发的大使，每隔 76 年才接近地球一次，在群星间缓慢移动，并以其独特的风姿，横过夜空，景象迷人，十分壮观。对大多数人来说，这是一生只有一次的眼福，机会难得，熊猫牌天文望远镜将给您带来无穷的乐趣。熊猫牌天文望远镜，全球各文化体育用品仪器仪表专业商店和各大百货商店均有销售，欢迎选购。"

20 世纪 80 年代末到 20 世纪 90 年代初，中国市场上出现频率最高的天文望远镜是昆明光学仪器厂的熊猫牌天文望远镜和四川金都光电仪器厂（268厂）的金都牌天文望远镜，二者在性能规格上有许多类似之处，都多以 60mm 口径的双胶合消色差镜片为物镜，焦距上也以 800mm、900mm

熊猫 60mm 口径赤道仪折射式天文望远镜

的长焦距规格为主，支撑系统多为简易的木质三脚架经纬台。之所以选择木架，是由于国内厂商在早期仿制国外一些品牌时也模仿了支撑系统，而我国西南地区的木材正好适合制作木质脚架。

国产天文望远镜的第一个时代

如果仿照日本望远镜制造业的年代划分，那么 20 世纪 80 年代，正是中国小天文望远镜制造业的黎明时代。带有高端专业背景的南京天文光学仪器厂推出了系列产品，但其价格高昂，普通人难以消费。南京的几个校办企业推出的高端望远镜虽然价格稍低，但一样难以进入寻常百姓家。有几家光学厂的产品较为亲民，华北光学厂的宝葫芦望远镜顺利进入学校市场，而昆明光学仪器厂和四川金都光电仪器厂则面向家庭打造低端望远镜。其实能够生产天文望远镜，并在 20 世纪 80 年代借助哈雷彗星热走红的望远镜品牌并不止上述这些。高淳光学仪器厂在 20 世纪 80 年代早期就推出了小型桌面夹固式天文望远镜，河北石家庄市燕南摄影器材厂生产的哈雷 HP-1 型天文望远镜是那个时代的典型作品，还有重庆第二光学仪器厂的银河牌天文望远镜，以及重庆市北碚光学元件厂的 TW-55 天文望远镜。黎明时代的 10 多年很快就过去了，这个时代的产品也在历史中消失。从 20 世纪 90 年代中期开始，小天文望远镜真正的中国制造时代到来了，世界望远镜的舞台变成了以中国为主。但在本书中我们不展开描述，因为它太新也太庞杂，或许在 20 年或 30 年后，我们回过头看这段中国望远镜制造史，才能梳理出一个真正清晰的脉络。

第 4 章

新的序幕

4.1 目镜的魔力

来自宇宙微弱的星光，被精密的物镜汇集，再通过目镜投射到人的眼睛，那是一种非同寻常的享受。只是如今很少有人真的享受这个过程，大部分人，即便喜爱星空的人，总是想方设法将银河图像留在相机中。但留在脑海中，岂不更好？"当你用目镜看那个星团时，居然会有一种立体的感觉，这个图像就曾在我眼前飘忽了好几天。"曾有位来自中国台湾的天文爱好者夸张地描述。喜爱天文望远镜的人，大部分钟情于成像的主镜，只有少部分人对精巧的配件感兴趣，而这些人中，大部分称得上是"目镜爱好者"。Tele Vue 目镜便是让他们垂涎三尺的对象，镜片上深邃的镀膜颜色，宽大的视场，精致的做工，让人欲罢不能。将目镜握在手中，那种沉甸甸的感觉就像是握住了一个星球。

简单目镜——19 世纪之前的设计

伽利略并没有看清土星是个什么东西。他认为，土星是由三个星星组成的一个集团，还将其称为三合星——一大两小。伽利略受望远镜口径限制，不能看到更多的细节，但更限制他的实际上是目镜的结构。从伽利略到开普勒，他们使用的目镜只是单独的镜片，既无法修正色散，也无法矫正像差。直到 17 世纪 60 年代后期，惠更斯才开启了真正的目镜设计。他发现两片平－凸透镜组合，可以矫正色差和像差。那时，惠更斯热衷于建造巨大的"悬空望远镜"，并试图用这种望远镜超长的焦距来减少透镜的色差，因而没有镜筒，只是用一圈圈架子将物镜固定。对小口径长焦距望远镜而言，惠更斯目镜很好用，但倘若将其用在如今的焦比更明亮的望远镜上，你就会发现这种目镜视场狭小，边缘畸变强烈，色差也令人难以忍受。1782 年，造镜奇才冉斯登基于惠更斯的设计，将目镜进行了一些改进，依然使用两片式设计，依然是采用平－凸透镜，不过冉斯登将凸面相对，将焦平面外移，这就是冉斯登目镜。冉斯登目镜的特点是比惠更斯目镜效果稍好，但镜片太接近人眼，使用时容易损坏。如今，我们在一些低价天文望远镜上，依然可以看到这两种目镜的影子，厂家一般用 H 来代表惠更斯目镜，用 R 来代表冉斯登目镜。

19 世纪的目镜——消色差与对称结构

虽然惠更斯和冉斯登都意识到，目镜的消色差非常重要，但他们的设计对色差的消除都不太理想。真正意义上的消色差目镜，是 1849 年的凯尔勒目镜，这种目镜是在冉斯登目镜的基础上改造而成的——把接近人眼的那枚平－凸透镜，改成了双胶合的平－凸透镜。双胶合对消色差意义重大，所以凯尔勒目镜也被称为"消色差冉斯登目镜"。这种目镜的中低倍率效果远胜它的两位前辈。然而，凯尔勒目镜已经是 3 片玻璃的三枚两组设计，有了更多镜片的坏处之一，便是讨厌的反光——毕竟当时还没有增透膜技术。

大约 20 年前，国产小天文望远镜中的大多数目镜配件还在使用 H 目镜，狭小的视野让人颇感不悦。也是从那时候起，一种新的目镜开始在稍微高档一些的望远镜上装配，为了显示其档次，这种目镜上刻画着它的光学结构名称——Plössl，即普罗素目镜。与简单的 H 目镜相比，普罗素目镜消色差能力出色，拥有 50° 的视场，这也使普罗素目镜在当时成了广角目镜的代名词（虽然现在看来区区 50° 的视场根本算不了什么）。普罗素目镜在 1860 年就被发明出来了，是四片两组的两两胶合结构，因为镜组对称，又被称为"对称结构目镜"，但其被发明之后很少得到应用，直到 20 世纪 80 年代，小天文望远镜领域重新使用了这种结构制造目镜，才使之风靡。当时，越来越多的人开始青睐广角目镜，而真正的广角目镜又极其昂贵，于是普罗素目镜成了很好的替代品。毕竟，四片两组的结构在装配上相对简单，若说这种结构有什么弊病的话，就是它的短焦距高倍目镜出瞳距离太小，眼睛需要紧贴目镜才行。在如今各家厂商的目镜名单中，依然有普罗素目镜的身影，很多厂家通过增加镜片使其演变出许多名头，比如超级普罗素目镜等。目前，普罗素目镜在低倍长焦距目镜中仍然扮演着广角目镜替代品的角色。

行星目镜——高画质与高反差

相信很多使用望远镜的朋友都会有这样一种体会，望远镜配合低倍目镜观感尚可，一旦使用高倍目镜，观感便惨不忍睹。这一方面是因为物镜口径限制和地球大气抖动对望远镜的影响，而另一方面是因为高倍目镜真的不堪一用。20 世纪 80 年代后期，如果有人肯攒上三五年的钱，去买一台小天文望远镜，那定是狂热的天文爱好者。当时国产望远镜已经有很多款式可选，做工虽然有些粗糙，但用料扎实，物镜的光学质量也较好，但若与同期日本产小天文望远镜相比，国产望远镜的短板明显反映在目镜配置上。23.5mm 口径的小型目镜，在如今看来只能是玩具级的配置，但在当时，这种口径的日本小目镜的精致做工和结构着实令人赞叹，即便是普通级别的望远镜，其高倍目镜也会采用效果更佳的阿贝无畸变目镜，也就是 OR 目镜。若说长焦距低倍目镜中最具性价比的结构是普罗素目镜，那对短焦距高倍目镜来说，就是阿贝无畸变目镜的天下。这种结构早在 1880 年就由当时的蔡司三巨头之一——阿贝设计出来，其采用四片两组的结构，其中三枚镜片是胶合在一起的。这种目镜的球差畸变极其微弱，成像效果也接近完美，适合行星观测，美中不足的是它的视场只有 40° 左右。

在 19 世纪 80 年代的目镜设计中，与阿贝无畸变目镜类似的，还有一种单心目镜，其采用了三枚镜片胶合成一个整体镜片的设计思路，这种目镜也被称为"实心目镜"。与阿贝无畸变目镜类似，实心目镜也是一种用于高倍观测的目镜，其视场非常狭窄，只有 25° 左右，但反差极其明锐，特别适合进行行星表面结构的观测。

高桥和宾得在 20 世纪 80 年代生产的 OR 系列目镜
图片来源：高桥和宾得在 20 世纪 80 年代的广告页

广角目镜的诱惑

在 20 世纪众多的目镜设计方案中，有两种设计结构颇为相似，一种是德国光学家艾伯特·科尼格设计的科尼格目镜，另一种是戴维·兰克设计的 RKE 目镜。这两种设计都是三片两组，不同的是前者两组镜片紧密，靠近人眼的目镜是平－凸结构，后者两组镜片的空间较大，靠近人眼的目镜是双凸面结构。这两种设计虽然看起来结构近似，但设计理念却截然不同。

1915 年，为了对阿贝无畸变目镜进行简化，科尼格设计了三枚两组的科尼格目镜，这两组结构距离非常近，几乎碰在了一起。科尼格目镜的优势是，拥有非常大的出瞳距，在纳格勒目镜出现前，它一直是使用起来最舒适的目镜。现代的科尼格目镜在之前的基础上增加了更多的镜片，获得了更大的视场（达到了 60° 甚至 70°）。20 世纪中期，目镜的发展出现了一些瓶颈，首先是目镜的质量问题突出，人们已经发现劣质的目镜无法发挥出大口径望远镜的优势，所以放弃了显微镜目镜这种廉价的替代品，转而追求更为精致的目镜，这对目镜的做工和光学设计都提出了新要求。毕竟对爱好者来说，一套好的目镜不仅适合收藏，还可以终身使用，而望远镜的主镜更替的速度会更快一些。20 世纪五六十年代，Questar、Unitron、蔡司等望远镜公司都制作了成套的精致目镜。20 世纪 60 年代末，出于 Edmund Scientific 公司小天文望远镜业务的发展需要，高性价比的 RKE 目镜问世。RKE 是兰克－凯尔勒目镜的缩写，顾名思义，RKE 目镜是凯尔勒目镜的改良版，其视场稍稍大于传统的凯尔勒目镜。而天文爱好者的一大诉求，便是更加宽广的视角。在天文爱好者的目视观测中，有两大类观测最吸引人，一类是使用高锐度高反差的高倍目镜观测行星表面，这时常常使用阿贝无畸变目镜、单心目镜等设备。另一类是用低倍率大视场目镜观测星系、星云等延展类天体。

在 20 世纪七八十年代前，专门用于天文观测的广视场目镜非常罕见，1921 年的埃尔夫目镜是唯一视场超过 60° 的目镜，这种目镜的设计使用了五片三组的结构，这在没有增透膜技术的年代非常糟糕——目视画面中会出现复杂的影像。埃尔夫目镜只有在低倍观测时才有比较好的表现，如 20mm 或 40mm 焦距下，它可以有良好的视觉效果。真正的广角（甚至超广角）目镜设计是 1979 年的纳格勒目镜，该目镜专门为天文观测进行了优化，视场达到了 82° 。纳格勒目镜系列共有多种设计，分别以纳格勒＋编号为标记，在其最新的设计中，视场甚至可以达到 100° ～ 110° ，下文会细讲。

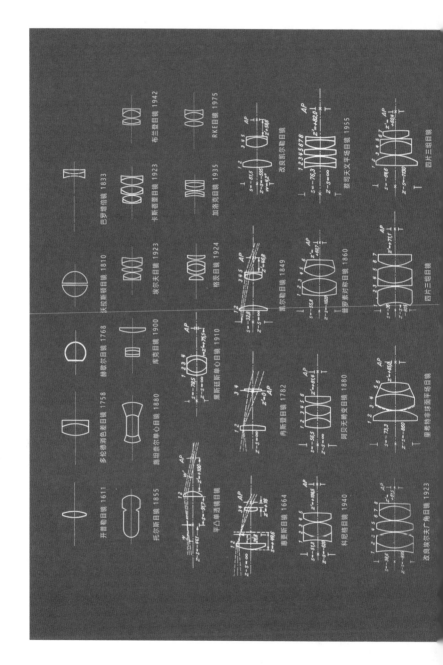

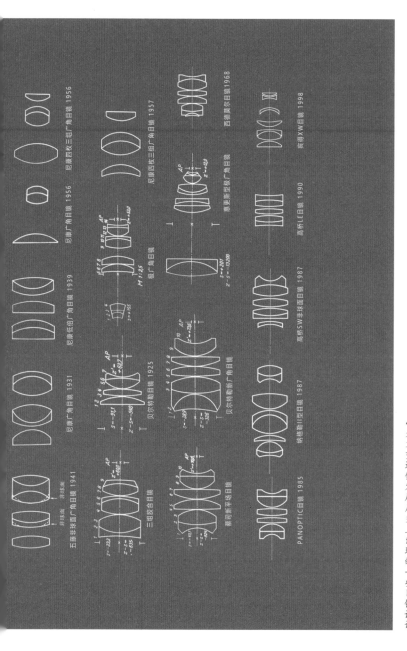

小天文望远镜发展历史上出现的一些目镜设计

4.2　功能分化

上文虽然介绍了这么多小天文望远镜，但对于那些刚刚准备入门的天文爱好者来说，恐怕依然毫无思路。很多人遇到的问题可能是："我只是刚刚入门，只想购买一架便宜的入门设备，主要想看星空，如果能拍照就更好啦，请给我一个推荐吧！"或者"我的孩子特别喜欢天文，我该给他买什么样的望远镜？"这类问题其实已经存在超过半个世纪了，不过很抱歉，至今也没有一个很好的答案。这是因为当天文爱好者群体达到了一定的规模后，必然会出现分化，而小天文望远镜也必然会产生分化，产品会更加精专。所以在 20 世纪 80 年代之后，小天文望远镜的种类已经让人眼花缭乱。

被重新定义的复消色差望远镜

最早的复消色差望远镜设计出现在 18 世纪中期。19 世纪末到 20 世纪初，蔡司公司生产的三片式复消色差天文望远镜已经具有相当高的品质，但也有人认为，以如今的标准来看，当时的复消色差天文望远镜只达到了半复消色差的水准。20 世纪 70 年代，高桥制作所采用萤石技术使复消色差望远镜达到了更高的水准。同一时期，美国的复消色差望远镜的光学设计也有了新的变化。

在 1975 年的《天空与望远镜》杂志中，我们可以找到一家公司的广告，这家公司名为天体物理，它以为业余天文摄影师服务、制作望远镜跟踪导星设备为主业。天体物理公司的这个业务状态贯穿了其整个 20 世纪 70 年代的发展。在 20 世纪 70 年代末，天体物理公司开始代理星特朗的施密特望远镜产品，比如 C90、C8，同时也开始销售目镜、接环等配件。而在 20 世纪 80 年代初，转折发生了。

1981 年 10 月号的《天空与望远镜》杂志刊登了一篇文章，作者是罗兰·克里斯腾，文章内容是关于一种复消色差镜头的设计，这个设计包含了 3 片镜片，并且以油作为镜片的中间介质。据说这个镜头一出现就在望远镜制造会议上引起了轰动，因为它的光学效果比之前的任何镜头都好。两个月后，《天空与望远镜》杂志出现了一则天体物理公司望远镜的广告，里面宣传了两个望远镜物镜（一个口径为 152mm，另一个口径为 203mm），焦比都是 $F/11$，工艺上都采用了以油为介质的复消色差镜头，这正是两个月前罗兰·克里斯腾的那个设计。

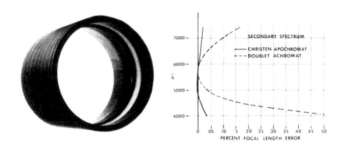

划时代的复消色差物镜设计

　　后来的天文爱好者认为，就是从那时起，一个新的时代到来了，即复消色差天文望远镜时代。这并不是说之前没有复消色差望远镜，而是天体物理公司的望远镜重新定义了复消色差望远镜。至于当时罗兰·克里斯腾是怎么做出这么好的镜头？众说纷纭，有种说法是，当时美国国家航空航天局订购了一批异常色散的火石玻璃，类似肖特 KZFS-1，但是购买后一直没有使用。罗兰得知后就买下了这些玻璃，并用这批原料设计并制造了最早的那批镜头。不过，之后的事情并没有那么一帆风顺，罗兰·克里斯腾后来表现得有些冒进，他开始设计焦比更明亮的复消色差望远镜——做出了口径为 127mm，焦比为 F/6 的超快复消色差望远镜，但没有成功，这台望远镜是天体物理公司复消色差望远镜中色差最大的，充其量只能算个成像较好的普通望远镜。

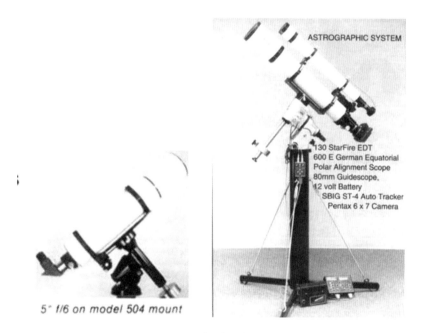

天体物理公司生产的复消色差望远镜

认真反思后，罗兰·克里斯腾辞掉了原来的工作，全身心投入到望远镜的设计制造中，于是他的另一个成名作也随之到来——著名的"超级行星复消色差"望远镜（口径为 152mm，焦比为 $F/12$）。这款望远镜受到的评价极好，有人说用它看行星时有极好的锐度和反差；还有人说，用它看行星，简直是"旅行者号"级别的享受。

美国国家航空航天局的特殊玻璃成就了罗兰·克里斯腾的事业。虽然玻璃总有用完的时候，但罗兰·克里斯腾对于高质量望远镜的追求还在继续。在他看来，高质量的镜头不单可以用于目视，在摄影上也具有非同寻常的意义。1985年后，罗兰使用两种具有异常色散特性的火石玻璃，制作了一批仅由两片玻璃构成的复消色差物镜，这批物镜被称为星火系列。1990年，天体物理公司推出了星火EDT系列，开始了它的巅峰时代。第一款EDT是155mm口径、$F/9$焦比的三片式复消色差镜头。据使用者说，这款望远镜的效果已经超过了之前那款152mm口径、$F/12$焦比的超级行星复消色差望远镜，在此之后，星火EDT系列逐渐流行起来。星火EDT之后的星火EDF系列，配置了平场镜，摄影光学质量不断攀升，之后还出现了带萤石镜片的版本。不过从星火EDF开始，三片式的复消色差镜大部分不再以油作为介质。天体物理公司至今依然生产高端天文望远镜，不过要订购它的产品，需要等上几年时间。

玩镜者说

天体物理公司的望远镜质量究竟如何？这家公司的望远镜在光学设置上实属顶级，这是公认的，做工也相当了得。如今，二手天体物理望远镜的价格甚至会超过新望远镜。如果你想订新望远镜，很有可能要等上几年。这其实也是一种营销策略——越难得到的东西，便越珍视。至于所花的金钱和时间，是否值得，就请各位玩家和藏家自行判断吧。

以目视的名义

专业天文学之所以"专业"，是因为它的目的是研究，而专业天文望远镜就是从事研究工作所用的望远镜。大众天文学往往被称为业余天文学，天文爱好者所使用的设备就叫作业余天文望远镜（即本书中介绍的小天文望远镜），但这类设备并不业余。相反，这类设备的专业程度也很高，只是它们演化的方向与研究型望远镜截然不同。其中最典型的，就是小天文望远镜目镜的发展。与望远镜的主镜（即物镜主体）相比，目镜的存在感一直比较低。一款望远镜似乎只要主镜光学好，望远镜的光学设计就可以了——在专业研究者看来这似乎没什么错，但是对以享受星空为目的的天文爱好者来说，这远远不够。

稍微上一点年纪的天文爱好者，可能会对《天空与望远镜》杂志上登过的一则广告印象深刻，华丽的餐桌被鲜花和精美的餐具装点，但餐盘上装的并非美味佳肴，而是 Tele Vue 系列目镜。不知当时有多少人在看了这则广告后心痒难耐，因为在当时，若要享受顶级的目视星空，Tele Vue 是不二之选。Tele Vue 的创始人艾伯特·纳格勒出生于美国纽约，孩提时代的纳格勒喜欢和父亲一起参观海登天文馆，馆内那台蔡司天象仪投影出的星空，让他非常着迷。两年后，他加入海登天文馆俱乐部，开始学习天文相关课程，并且开始自己制作天文望远镜。高中时，他已经可以完成口径为 203mm 的反射式天文望远镜的制作，他以这台望远镜的制作为主题发表了文章，并收到 80 美元稿费——据纳格勒回忆，这是他在天文领域赚到的第一桶金。纳格勒的出众表现很快受到他人赏识，他进入法兰德光学公司工作，直至 1973 年。在这段时间内，纳格勒对自制望远镜热情不减，喜欢采用六角棱柱状的木质镜筒，那台 203mm 口径的反射式天文望远镜，以及后来他制作的折射式天文望远镜都采用了这种结构。由于折射式天文望远镜又细又长，再加上木质的六角棱柱镜筒，一些朋友便戏称这种望远镜为"蛇的棺材"。

在法兰德光学公司工作期间，纳格勒结识了著名的光学设计师、曾在德国施耐德公司工作的特龙尼尔博士。特龙尼尔擅长设计一些超级光学设备，比如著名的"Super-Farron" *F*/0.87 镜头就是出自此人之手，他还设计了瞄准镜中视场达到 90° 的超宽场目镜。法兰德光学公司当时参与了美国"阿波罗"计划，主要是设计月球视觉模拟器，这个模拟器包含一个 110° 视场的目镜，用来模拟登月操作实景。有了在法兰德公司工作的经验积累，纳格勒做出了高达 140° 视场的设备，而这些都预示着小天文望远镜中革命性的一刻即将到来。

在此之前，小天文望远镜的目镜发展似乎停滞了。用于大视场观测的埃尔夫广角目镜以及用于高倍观测的阿贝无畸变目镜都是 18 世纪末到 19 世纪初的作品（埃尔夫广角目镜于 1921 年设计完毕，拥有 60° ~ 65° 的视场），之后数十年，目镜并未得到真正意义上的发展。1977 年，纳格勒创立了自己的公司 Tele Vue，开始专心研发小天文望远镜使用的目镜，很快他就获得了一个专利——视场达到 82° 的纳格勒目镜，焦距为 13mm，出瞳距离为超长的 18mm。纳格勒目镜由 7 片玻璃组成，分为 4 组，其中还有 SF1 和 SK16 两片高级玻璃。这枚目镜的巧妙之处在于可以拆解使用，将其中一部分拿掉，就可单独作为 30mm 的低倍目镜使用。这枚目镜的视野是 60° 视场望远镜的两倍，画面质量超出普通目镜数倍，但它的价格极高，达到了 250 美元。当时，

Tele Vue 公司还处于默默无闻的初创期，在这个时候推出纳格勒目镜，显然并非明智之举。

1979 年，Tele Vue 推出了 4 片 2 组对称结构的普罗素目镜。这种目镜有 50° 的视场，成像锐利，在成像和视场方面都高于当时市面上的大多数目镜产品。这套普罗素目镜有 4 个规格，焦距分别是 7.4mm、10.5mm、17mm 和 26mm，这套目镜在市场上大获成功，不难想象，天文爱好者们喜欢这种高性价比的产品。一年后，纳格勒 13mm 目镜开始发售，在获得市场认可后，又推出了 6 枚镜片的 65° 视场低倍目镜设计，其中最低倍率是一款焦距为 40mm 的目镜，这种低倍大视场设计很快就受到了彗星猎人们的喜爱。迈克尔·鲁登科就是使用 40mm 焦距的目镜发现了列维 - 鲁登科彗星。

然而好景不长，Tele Vue 面临的挑战也很快来到。米德作为当时小天文望远镜市场的霸主之一，快速且巧妙地复刻了纳格勒的理念，生产了一套类似的广角目镜，即米德 4000 系列，其价格要比原版的纳格勒目镜低很多。善于营销的米德声称，几页彩色广告加上诱人的低价，足以使 Tele Vue 血流成河。不过，米德与 Tele Vue 举办了一次目镜盲测，使用星特朗 C11 折反射天文望远镜、米德 203mm 口径的反射式天文望远镜、米德 102mm 口径的消色差折射式天文望远镜分别对米德和 Tele Vue 的目镜进行测试，结果出来后，米德的代表最终承认，在高标准严要求的比较下，Tele Vue 目镜的效果更佳，米德目镜只在个别目镜中保持了高水准。

虽然在盲测中占优，但纳格勒还是感受到了压力，他设计出了更低倍、更大视场的目镜——这就是 1986 年推出的纳格勒 2 型目镜，一款焦距为 20mm 的巨型设备，其售价达到 425 美元。在当时，肯花费 400 美元购买一台高档天文望远镜的人已是凤毛麟角，更何况是用同等价格购买一枚目镜。但纳格勒目镜的意义体现在它不仅是高端设备的配件，它还向我们传达了一个理念：目镜是望远镜的一半。这个理念如今已深入人心，众品牌的高档目镜让天文爱好者沉浸在目视观测的享受中，而一些高端玩家，还是会默默地订购正规的 Tele Vue，配上他们珍藏的"天体物理"。

玩镜者说

对于国内大多数玩家而言，Tele Vue 是目镜中的高端品牌，但也有一些玩家偏好其短小精悍的天文望远镜。从设计感上看，Tele Vue 的望远镜精致美观，一些收口和曲线设计使镜身不仅有科幻感，还有一丝"肌肉感"。Tele Vue 望远镜的光学设计与高桥、天体物理等品牌的望远镜相比还有一定差距，只能说尚可。但若综合光学、机械、做工等可玩性，一些玩家还是会将 Tele Vue 当作首选。

业余人造卫星望远镜

20 世纪 50 年代末，苏联第一颗人造卫星发射成功，为了进行
轨道测量，苏联制作了 AT-1 型广角望远镜，也叫人造卫星望远镜。
为了加大观测范围，苏联赠送给中国百余台人造卫星望远镜，北京
天文台沙河观测站、广州人造卫星观测站、乌鲁木齐人造卫星观测
站等机构都有这种望远镜。大家如果想看这种望远镜，青岛观象台
或者国家授时中心的时间博物馆里都可以找到。这种人造卫星望远
镜设计小巧，倍率很低，与一般望远镜不同的是，它是向下看的，
因为其前端有一个平面反射镜，这样在桌子上使用就很方便。

在天文馆使用人造卫星望远镜进行观测的学生
图片来源：阿德勒天文馆资料图

　　人造卫星望远镜本是天文专业人员使用的设备，但由于卫星定轨需要各地区的大量观测数据，这对人手不足的实测天文学家来说，是一个不可能完成的任务。恰好此时，世界各地的天文爱好者团体正在迅速发展，业余天文爱好者急切地希望得到专业天文人士的认可。于是，一个叫作守望卫星（Moonwatch）的项目快速启动了。守望卫星项目是哈佛大学天文学家惠普尔提出的，作为史密松天文台主任，惠普尔认为业余爱好者可以在追踪第一颗卫星的过程中发挥重要作用，并且力排众议，为业余天文爱好者划出了一席之地。20 世纪 50 年代后期，成千上万的青少年、家庭主妇、业余天文学家、学校教师和其他天文爱好者在全球的守望卫星项目团队中工作，每晚有数十名观测员观测星空。惠普尔和他的同事们组织世界各地的业余爱好者，而爱好者在全球各城镇组建团队，建造自己的设备，并向赞助商求助。守望卫星项目在当时不仅仅是一种时尚，还是一种对科学感兴趣的态度。到 1957 年 10 月，守望卫星项目已经有约 200 个团队。守望卫星项目在 20 世纪 50 年代后期引起了公众的注意，报纸和流行杂志会定期刊登有关守望卫星项目的文章，《洛杉矶时报》《纽约客》《纽约时报》刊登了数十篇与之有关的文章。与此同时，美国本土企业还赞助了其中的一些团队。而守望卫星项目团队的范围也变得更广，秘鲁、日本、澳大利亚，甚至北极地区的爱好者经常将他们的观察结果

1965 年的南非观测
图片来源：南非天文学会（ASSA）

发送给史密松天文台。

这么多观测者，观测设备如何解决呢？为解决设备需求问题，在 20 世纪 50 年代末，一种新颖的小天文望远镜横空出世：业余人造卫星（观测）望远镜。这类望远镜主要有两种形式，一种是带有反光镜的半固定式装置，另一种是带有刻度的经纬台式装置，后者要比前者复杂很多。Edmund 公司利用已有的军用广角望远镜进行改装，在镜前加装一块可以调节的平面镜，然后固定在一个可调节高低的金属板上,这种设备被 Edmund 公司称为"satlitscope"。satlitscope 的使用方法也不难,一排观测人员坐好,然后调节望远镜,分别对准不同的星空,辨认出里面的星座和亮星,敬候卫星到来。当卫星在视野中快速划过时,观测者要记录下位置和时间,一排人就像接力赛那样依次报告,从而得到一段完整的卫星轨迹。若是不了解这个项目,看见这一幕的人可能会感到奇怪——为何这些观测者会夜晚在户外使用显微镜? 造成这种误会是因为人造卫星望远镜是通过反光板向下看的,不像传统望远镜那样需要仰头观天。

在我国一家天文馆中,陈列着一台五藤生产的、造型特别的老式望远镜——非常结实的金字塔般的矮小木架,上面是一种多个关节可活动、带有 2 个刻度盘的经纬仪装置,主镜采用了短焦折射式天文望远镜,这就是 20 世纪 60 年代初另一种人造卫星望远镜的形态。随着守望卫星项目的开展,制作人造卫星望远镜的厂家逐渐增多,美国 Swift 公司生产的超级迷你人造卫星观测望远镜,可能是世界上最小的天文望远镜。它采用了精致的地平经纬式支架,并且带有指针和刻度。美国 Unitron 公司生产过基于短焦折射式天文望远镜的人造卫星望远镜,尺寸比 Swift 公司的那款大很多,但前者更吸引人的是其高度角和方位角的刻度盘,刻度盘有着如同哑铃般的造型。

Edmund 公司生产的人造卫星望远镜

曾经红极一时的业余人造卫星观测，如今已经过去。守望卫星项目是有史以来运行时间最长的业余天文活动之一。随着卫星观测热潮不再，史密松天文台重新设计了活动，鼓励业余爱好者团队为卫星跟踪提供越来越精确的数据。在整个 20 世纪 60 年代，很多爱好者参与了卫星重新进入地球大气层时的定位、观测极其微弱的卫星等工作。有时，业余观测者观察的精确度和计算还会超过专业人士，其中最著名的就是 1962 年 9 月斯普特尼克 4 号（Sputnik 4）再入大气层，业余观测者观测到这一事件，并分析了苏联卫星的几个碎片。人造卫星望远镜是小天文望远镜中很特别的一个门类，它强调获取测量数据，这个理念直至今日也颇为先进，毕竟在今天的天文爱好者队伍中，绝大多数人还只停留在观赏和拍照的层面，能够真正获得数据的人少之又少。

4.3 ATM

此处的 ATM 并非自助取款机，而是业余望远镜制造者（Amateur Telescope Maker）的英文缩写，也用来指代天文爱好者自制的望远镜。比起量产类望远镜，ATM 设备更有特色，常会有"神来之笔"。如今不少量产望远镜的设计思路也源于自制类天文望远镜。关于 ATM，能够另外单写一本书，本书只以 ATM 对量产小天文望远镜发展的影响，以及几个特色性案例作为内容，希望以后能有一本专门讲述自制望远镜历史的书和天文爱好者们见面。

哈特尼斯 - 波特小天文望远镜制作博物馆

在美国佛蒙特州的斯普林菲尔德有一家旅馆，那是某任州长先生的故居。故居的前院有一座形似炮塔的建筑，该建筑其实是一台天文望远镜，该"炮塔"的隧道与屋子中书房的地下室相通，书房寂静无人，很适合安心研读文献。如今，故居内建了一个特色小型博物馆，专门收藏天文爱好者自制的各种望远镜。这里收藏的设备稀奇古怪，有早期的马克苏托夫望远镜、施密特相机、偏轴式反射望远镜，也有其他不寻常的望远镜、创新的望远镜组件、测试设备和附件等。这位州长先生名叫詹姆斯·哈特尼斯，他靠机床行业发家致富，并且与一位业余天文学家颇有交情，这位天文学家就是罗素·波特。

20 世纪初期，天文爱好是有钱人才玩得起的"高档游戏"。同样一笔钱，你可以选择购买一间小屋子、一辆福特 T 型汽车，或者一台天文望远镜。1910 年，哈雷彗星回归，普通大众并没有去争相购买望远镜，因为他们负担不起，当时购买望远镜的人在今天看来至少是百万富翁。早期的研究者将 19 世纪到 20 世纪初的天文爱好者分为 3 类：第一类是顶级天文爱好者，他们有实力购买昂贵的设备，并雇用专人为他们服务，甚至还配套建设图书馆等设施，比如洛威尔就是这样一名顶级爱好者；第二类是中产天文爱好者，他们有实力购买普通设备，从而进行天文观测；第三类是大众爱好者，他们往往买不起设备，但劳动人民的智慧不可低估，他们会自己动手解决问题。大众爱好者对天文学也有很大的贡献，典型的例子就是巴纳德，他用极低的价格购买材料，制作望远镜，这也是当时大众爱好者唯一的选择。

书房中的望远镜

早期的个人望远镜制作者，其实有着双重身份，一方面他们是自给自足的业余天文学家，另一方面他们是零星望远镜的生产者。在当时的一些杂志上，经常出现这样的信息"俄亥俄州坎顿市的某人出售两台一流的折射式天文望远镜，口径分别为 76mm 和 102mm"或者"俄亥俄州克利夫兰的某人要出售一台 140mm 口径的消色差折射式天文望远镜，售价 165 美元"。

低廉的价格对普通爱好者来说是最大的吸引力。早在 1908 年，加拿大业余天文学家哈萨德就开始撰写关于制作望远镜的文章，并且炫耀自己只用 17 美元就制成了一架口径 406mm 的反射式天文望远镜。虽然他声称这个望远镜成像很好，但也不可否认，镜筒和安装都比较糟糕。

20 世纪 20 年代到 40 年代，业余天文界出现了两位人物，一位是才华横溢的业余天文学家、光学技师罗素·波特，另一位是知名科学作家艾伯特·英戈尔斯，他们共同倡导了自制望远镜运动。1926 年之后，在这两位倡导者的带动下，大量的天文爱好者开始自行制作望远镜。波特出身大户人家，其父从事珠宝行业并钟爱摄影，可惜家道中落，波特凭借自身努力在麻省理工学院读建筑专业，并在绘画上有一技之长。在读书这段时间，他还参加过北极探险队，险些丧命。波特的朋友，詹姆斯·哈特尼斯向波特传播天文知识，还把杂志和资料借给他看，才气非凡的波特迅速"中招"，开始痴迷于自制天文望远镜。在绘画和建筑功底的帮助下，他很快就掌握了卓越的造镜技术，哈特尼斯给他资金支持，二人开启了自制望远镜项目。

经过一番努力，他们改进了原有的牛顿反射式天文望远镜系统，在系统中加入了一个巨大的第三反射镜，利用这个反射镜，他们将光路从极轴方向导出，这样一来，无论望远镜的指向怎样运动，目镜端所在的位置都不会动，这相当于一种"折轴式"反射式天文望远镜设计。而这个望远镜的最终观察端，就设在了哈特尼斯的书房中。

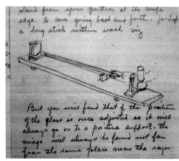

波特主导设计制作的望远镜以及设计手稿

图片来源：Public skies: telescopes and the popularization of astronomy in the twentieth century

铁球的妙用

作为《科学美国人》杂志的编辑，英戈尔斯与波特一道，将自制小天文望远镜运动推向了一个高潮。对于大多数爱好者而言，折轴式三镜系统的反射式天文望远镜过于复杂，波特将其充分简化：首先用直板代替镜筒，反射主镜被安装在板子的一端，另一端安装一个 90° 的反射棱镜；用一个黄铜管子穿过板子，作为对焦装置，对焦时不用旋钮，只需要进行推拉操作。这样的装置不需要复杂的三脚架，只需要将一根粗铁棒埋入地下，就可以作为基墩加中央立柱。将铁棒弯曲成一定角度，就可以实现赤道仪的功能。

波特创造的另一种复杂结构，被称为斯普林菲尔德（Springfield）式装置，这是与之前 406mm 口径的"书房望远镜"类似的版本，它被架在一个结实的混凝土基座上，反射镜的前端支有一个重锤，用来调节平衡——这种结构在如今看来有点不可思议。然而斯普林菲尔德式装置之所以有这样的配重，是为了将光路最终从赤道仪的极轴引出，倘若观看者位于极轴处，那么镜筒前端就不能露出太多，这会导致镜筒整体较低，为了将重量配平，只能在镜筒前端加装重锤。这样光路就可以在中空的架子中行走，设计颇为巧妙。

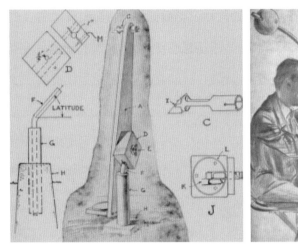

斯普林菲尔德式装置

图片来源：Public skies: telescopes and the popularization of
astronomy in the twentieth century

花园天文望远镜

20 世纪 30 年代的经济大萧条让众多望远镜制造商大受打击，但对于业余爱好者自制望远镜来说，几乎没受什么影响。当时的天文爱好者已经知道如何就地取材，制造自己使用的设备。他们使用的材料千奇百怪，比如厨房里的蛋糕锅、坏了的乐谱架、报废福特汽车的零部件等，有的爱好者只要花上几美元，就可以做出一台天文望远镜。虽然从外观上看，这些东拼西凑的装置与精密仪器靠不上边，但它们简单实用，可以一解爱好者的星空之"馋"。

有些爱好者也开始将他们的制作设备商品化，论业余爱好者自制望远镜的商品化中最有特色的，还是波特的花园天文望远镜。

　　并不是所有人买天文望远镜都是因为喜欢星空，波特发现了这一点，并设计了一种独特的天文望远镜——"花园天文望远镜"，这有可能是 20 世纪最为优雅的小天文望远镜。该望远镜镜身采用青铜铸造工艺，光学部分采用了经典的牛顿反射式结构。主镜部分被镶嵌在一个充分美化了的环式赤道仪上，若把这种赤道仪结构放大，你就会发现它很像美国帕洛马山 5m 口径的巨型望远镜设计，实际上这个巨型望远镜的赤道仪结构，正是由此而来。花园望远镜用青铜铸造的羽毛形状，代替了原先简易的木板，棱镜安装在羽毛根部，各个连接部分都尽量采用曲线，并加以装饰，这是一款充满艺术气息的天文望远镜。1922 年，这款望远镜的售价是 250 美元，很快涨到了 400 美元。购买这种望远镜的人家境殷实。波特的本意或许就是在中产阶级中推广天文望远镜，但实际上那些人买了花园望远镜后并没有实际去用，只是摆在花园里作为装饰品而已。

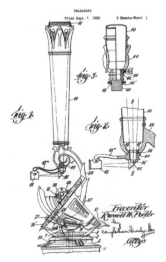

装配中的花园天文望远镜及其设计图

图片来源：Journal of the antique telescope society ISSUE No. 29

炮塔望远镜的"歪头杀"

1889 年，琼斯和拉姆森机械厂在美国佛蒙特州的斯普林菲尔德建立了一个机械厂，哈特尼斯被聘为厂长。哈特尼斯是个技术派，在任职期间，他获得了一百多项技术专利，并最终当上了公司总裁。通过那些专利赚取了丰厚的利润后，他开始享受人生，先是建造了自己的私人住宅，接着开始对天文产生了兴趣。以哈特尼斯的资金实力，在当时购买一台优质的天文望远镜并不是难事，但他选择了"困难模式"——自己在家设计制造一台望远镜。于是，由天文爱好者自己设计制造的望远镜——"炮塔望远镜"横空出世。

哈特尼斯和他的炮塔望远镜
图片来源：stellafane.org

这种望远镜设计独特，形似炮塔，主镜是一个 25cm 的黄铜物镜，镜筒内置一个反光镜，将光路导入到"炮塔"内部，人坐在"炮塔"内部就可以进行观测。颇有头脑的哈特尼斯于 1912 年注册了这种望远镜的专利。这种望远镜的独到之处是观测的目视端固定，炮塔的内部通过隧道连接着哈特尼斯的书房地下室，直通起居室和餐厅。如今，哈特尼斯的住所变成了一个旅馆，这台望远镜也成了旅馆一景。

20 世纪 20 年代的斯普林菲尔德是一个机械重镇，这里的天文爱好者团体有得天独厚的优势，团体中的成员很多都从事机械加工行业。一群心灵手巧的匠人走到一起，再加上他们对天文的热情，必然会有成果。1921 年，哈特尼斯当上州长后，天文爱好者团体得到了哈特尼斯的支持，不断壮大。然而好景不长，美国的经济大萧条让斯普林菲尔德很多工厂停摆，但这却给天文爱好者们提供了特殊的机会——他们可以使用那些闲置的设备进行望远镜零件加工。

这是一项大计划，计划的执行团队中有 15 名男士，史称"十五罗汉"，另外还有一名女性，她是继卡罗琳·赫歇尔（英国天文学家威廉·赫歇尔的妹妹）之后的另一位知名女性望远镜制造者。他们想仿制哈特尼斯的炮塔望远镜，便在波特的带领下开始制造一台更大的炮塔望远镜。

厨师看着外面忙碌的"制镜者"，琢磨着中午吃点什么，窗户上挂着深空天体的照片

图片来源：stellafane.org

望远镜安装完毕，一个"歪头杀"的"独眼怪物"
图片来源：stellafane.org

　　这台炮塔望远镜耗费了近十年的光景终于制成，其外形极其特别。据说有镇上居民路过时问："这是个搅拌机吗？"另一人则说："可能是新式洗衣机！"。即便是如今熟悉天文望远镜的人，第一眼看到它时也会糊涂——主镜在哪儿？这台望远镜的主镜并不在炮塔内部，而是在外面桁架的顶端——305mm 的反射主镜，焦比为 $F/17$。星光首先经过反射镜抵达主镜，射入炮塔内部，而这个炮塔，实际上是个空心的赤道仪。因此，炮塔看起来像一个"歪头杀"的"怪物"。这个口径在当时不常见，虽然早在 1908 年，

哈萨德制造了 406mm 口径的望远镜，但实在是粗制滥造。而这台
305mm 口径的望远镜却为一个精良之作，它毫无疑问地成了当地
星空派对的主角。到了 20 世纪 70 年代，这台望远镜被重新改装，
光学元件也换成了新的。如今，凡到斯普林菲尔德的天文爱好者
必会找机会住进哈特尼斯故居的旅店，那里不但有老式望远镜，
还有讲述着哈特尼斯、波特、英戈尔斯及其伙伴们故事的博物馆，
而那台炮塔望远镜至今仍在工作。为了与哈特尼斯故居中的炮塔
望远镜区别，人们将这台设备称为"波特炮塔望远镜"。

自制折反射望远镜

有些望远镜自制者喜欢挑战专业光学厂商都不去涉足的冷门领
域。施密特折反射摄星仪（或者称为施密特相机）是一种具有焦比
更明亮的大视场，但像场弯曲的光学设备。拍摄天体时，使用普通
望远镜需要一个小时进行曝光的照片，使用焦比更明亮的施密特摄
星仪只需要几分钟就可以完成。在 20 世纪中期之前，虽然天文学
家都很喜欢这类设备，但很少有光学厂愿意生产它。1941 年，美
国有 37 台施密特摄星仪，其中有 29 台是业余天文爱好者自制的。
20 世纪 50 年代初，中国的一位大学生杨世杰在家磨制了一套小型
施密特望远镜。他后来成了我国著名的天文望远镜工艺师，并在紫

金山天文台任总工程师直至退休。他曾经研发过著名的陶瓷镜面，可惜后来微晶玻璃镜面普及，陶瓷镜面没有继续发展。

1953 年前后，当时的中学生苏定强（中国科学院院士）在家自制了一台 15cm 口径的牛顿反射式天文望远镜，并用它成功拍下月球。两年后，他考上南京大学天文系，开学后作为新生到紫金山天文台参观，接待新生的主持人邹仪新是著名的女天文学家，当她看到新生中有人用自制的望远镜拍摄照片时，大为惊奇。不久，苏定强就制出了一套马克苏托夫式折反射望远镜，并在南京大学天文台中把新做的望远镜架设到德国蔡司赤道仪上拍星。当时，苏定强和同学胡宁生（后南京天文光学仪器厂厂长）一起排除各种故障，获得了这个望远镜的"初光"照片。心急的苏定强不到天亮就去敲照相馆的门，冲洗出来却发现焦点不对，几经测试，终于找到了最佳焦点——当然，在这段时间中，照相馆的老板被他们折腾得不轻。

双筒反射望远镜

1928 年，来自美国内布拉斯加州霍尔德里奇的农夫汉森建造了一台独一无二的 152mm 口径的双筒反射望远镜。他使用自己在农场周围找到的零件装配了这台史无前例的杰作，并在 1931 年的

《业余望远镜》(*Amateur Telescope*)杂志的第一卷中介绍了他的作品。从那时开始,我们今日所熟知的牛顿双筒反射望远镜终于出现在大众视野中。然而,这一观测设备历经近百年的发展,却并没有如同折射双筒望远镜一样成为各大光学品牌的批量产品,而是另辟蹊径选择了类似"游击队"式的大众 DIY 路线。

20 世纪 50 年代后,业余自制望远镜的重要发展节点是道布森牛顿反射式天文望远镜的出现。随着时代的发展,生产商制造的量产天文望远镜价格逐渐走低,特别是在 20 世纪 50 年代,也就是美国业余天文第一波浪潮到来之时,多个生产商都推出了超低价的赤道仪反射式天文望远镜,口径在 76 ~ 152mm。这些设备的价格大多四五十美元,甚至可低至二三十美元,业余天文爱好者大可不必再去自制天文望远镜。然而,爱好者对于大口径望远镜的向往催生了新型 ATM 望远镜。约翰·道布森早期制作的道布森式望远镜并没有受到重视,因为当时赤道仪的观念深入人心。直到 20 世纪 70 年代,道布森反射式天文望远镜才显示出其强大的生命力。20 世纪 90 年代后,中国的张大庆等业余天文学家就通过自制道布森反射式天文望远镜,观测并发现了新的彗星。

道布森式设计与双筒反射天文望远镜结合而成的设备就成了天文目视观测的终极选择,如 1984 年刊登在《望远镜制造》(*Telescope Making*)杂志上的李·凯恩先生制造的 445mm 口径的道布森双筒反射天文望远镜。现如今，已经有爱好者制作出了610mm 口径，甚至更大的道布森双筒反射天文望远镜。

偏轴望远镜

2016 年 9 月的一天，在荷兰奥登博斯修道院，一堆人兴致勃勃地聚集在一起，拍照交谈，笑声不断，与修道院肃穆的风格形成了强烈的反差。人群中有一个人颇受瞩目，他就是荷兰路曼博物馆的彼得·路曼，是个以收藏老爷车和古董天文望远镜闻名的著名收藏家。那天，他带来了一个漂亮的"小家伙"，展品一摆出来，人群中惊呼声不断。

这个"小家伙"是一台 Forster & Fritsch Brachy 生产的天文望远镜，生产年代约为 1880 年，精致的架子、黄铜金色的镜身代表了那个时代相当普遍的工艺。值得一提的是这台望远镜造型独特，由一大一小、一长一粗两个镜筒组成，而且两个镜筒共用了一组光路，并非两个独立的光路。这是怎样一种设计呢？那些人聚集在修道院就是为了这种望远镜——一种被称为 Schiefspiegler 的特殊天文望远镜。

Schiefspiegler 是德语，意思为偏轴，这类望远镜是卡塞格林望远镜的变化版本。卡塞格林望远镜的主镜是抛物面，副镜是负曲率的凸面镜，两者搭配在一起，达到降低像差的目的。然而卡塞格林望远镜因为副镜的遮挡，光路并不"干净"，如果将副镜移出主光路，那就会提高成像的反差。彼得·路曼带来的那个黄铜望远镜便是如此，短粗的镜筒是主镜，细长的镜筒是副镜，两者配合成像，长镜筒的后端是目镜。不过 Forster & Fritsch Brachy 生产的这台望远镜并不是后来被爱好者称道的那种偏轴望远镜，只能算是其前身而已，因为一个叫安东·库特尔的人在 20 世纪 50 年代重新定义了这种偏轴望远镜。

关于安东·库特尔的早期偏轴望远镜的图书封面
图片来源：Der Schiefspiegler

安东·库特尔出生于 1903 年，1985 年去世，是一名导演和编剧。作为一名业余天文爱好者，他 12 岁就开始尝试制作简单的折射式天文望远镜，后因了解了 Brachy 望远镜的理论，希望将其发扬光大，因而发明了库特尔偏轴（Kutter Schiefspiegler）型天文望远镜，并在《天空与望远镜》杂志上介绍了这种望远镜，安东·库特尔因此一举成名。安东·库特尔后来拥有一个天文台，里面有一架大型德国式赤道仪结合 30cm 口径库特尔偏轴设计的天文望远镜，这让很多人羡慕不已。

偏轴望远镜在光路上的倾斜让反差大大提高，但是引入了像差，那库特尔是如何改进卡塞格林望远镜与 Brachy 望远镜的呢？第一是消除像散，这点 Brachy 设计已经做到了：主镜是球面镜，球面二次曲面在子午面上发生变形。第二是消除彗差，主镜是球面镜，球面二次曲面呈圆柱状变形。第三是折反射思路的引入，就是在光路中引入折射镜片进行改正。做到这三点，高反差的库特尔偏轴反射望远镜就设计好了。它拥有比折射镜更大的口径，有比传统卡塞格林望远镜更好的反差，所以特别适合观测行星。

库特尔式的偏轴望远镜发明后，并没有太多生产商跟进，反而是自制望远镜爱好者对其疯狂膜拜。人们尝试制作了各式各样的偏轴望远镜。在爱好者星空聚会的时候，这些奇怪的望远镜经常能吸引人们的目光。

4.4　谁在收藏天文望远镜的历史

随着年龄的增长，我们会发现周围的一些东西在慢慢消失不见，可能要过了几十年后再回忆，才能发现那些逝去之物的价值。在资料收集和采访过程中我们也发现，不同时期的天文爱好者对自己那个年代的天文望远镜，有着截然不同的记忆。从价值上判断，大多数小天文望远镜并不具有收藏界所定义的收藏价值，它们通常不采用贵金属或者宝石，也没有华丽的工艺，也没有几百年的历史，所以小天文望远镜的收藏者从未想过靠此发家致富，这种收藏，在某种意义上出于单纯的喜爱，收藏者只是纯粹地想要收藏和构建一段历史。

望远镜吸猫

2010 年，一位韩国天文爱好者在一个天文爱好者国际论坛上发了一个帖子，标题是："看，我的道布森望远镜"。一看内容，全世界的天文爱好者都震惊了——这是多么细致的一个"宅男"式天文爱好者啊，他居然用建模型的方式制作了一个道布森望远镜的观测场景：主镜是木质的，旁边的折叠椅、资料、配件箱、镜头盖，还有沙土地，一应俱全。其实在他之前，欧美也有一些爱好者做过望远镜模型，但都没有做到他这种程度——还原观测环境。

在一片赞誉声中，这个韩国爱好者消失了。直到 2012 年，也就是两年后，他又冒了出来，发布了他最新完成的 DIY 项目——高桥 TOA-130F 小型化项目。帖子里写道："上面是我的项目照片。左边的是我在 2010 年 1 月制作的 368mm 口径的道布森缩微模型。其实我很想卖掉它们。这个模型的比例是 1:16，TOA-130F 的高度大约是 125mm。"

相机、三脚架、笔记本计算机、手套、手电筒、水壶、双筒望远镜——这是一套有着秋冬季节感的装备。一套高桥，连线材都被细致地刻画了出来，只不过不知为什么，手控板用的似乎不是高桥原厂那种灰绿色的小盒子造型。这个帖子发出来之后，世界天文爱好者又一次震惊了，而这个韩国爱好者又不见了踪影。这次大家知道，他肯定又去憋什么大招儿了。4 年后，2016 年，这位爱好者又发了帖子，写道："这是我的第三个帖子了。最近，我完成了自 2010 年以来的第三个微型望远镜项目。1:16 的 Vixen FL80S，安装在 GP 底座上。2004 年 10 月，我第一次用望远镜看到了 M31 仙女座星系，所以我再现了那个场景。这个模型的标题是'2004 年 10 月的记忆——与 M31 的相遇'。在这个模型中，有 Vixen FL80S 折射式天文望远镜、带双电机和 DD-1 控制器的 GP 赤道仪、铝制望远镜箱、赤道仪箱、三脚架包和小物件，满满的天文情怀。"

此后，他的制作速度似乎稍微快了一点。2017 年，他发布了第四个帖子，内容是这样的："我最喜欢的爱好之一是做微型模型，我一直在制作自己的设备模型。我的第一个微型项目是我自制的 368mm 口径的道布森望远镜。之后，我在 2012 年制作了高桥 TOA-130F 耐火材料的微型模型，2016 年制作了 Vixen FL80S。这一次，我的新微型望远镜模型比例是 1:16（望远镜的高度约为 114mm），高桥 FC-100DF 折射式天文望远镜和我的旧 EM-200 赤道仪的结合。我做了这个微型模型来描绘新的 FC-100DF。刚得到新的 FC-100DF 时，我对它的性能非常好奇，我等不及周末到郊外去观测，就把它从停车场带到了附近的操场。不幸的是，首尔不是个观测的好地方，严重的光污染和许多建筑物阻挡了天空。不管怎么说，我还是制作了一些我的新设备的'朋友'。"

在做完了 FC-100DF 的模型后，这位爱好者又制作了他的太阳望远镜，一套科罗拉多 PST 日珥望远镜。他如此描述："我在家里通常用 PST。我的房子在首尔市中心。后院天文学在首尔几乎是不可能的，事实上，首尔的大多数房子都没有后院。在这个模型中，我在一个三脚架上做了一个 PST、一个自行车气泵、一个 PST 手提箱，还有花和窗。无论如何，我都想展现一下在家里进行太阳观测的场景。"

缩微收藏

在欧美天文爱好者中，更为著名的望远镜缩微模型制造者是巴里·克里斯特。比起前文提到的韩国爱好者，他算是个望远镜缩微模型小规模批量生产者，卖的模型价格也不贵。在各地举行的星空大会上，大家总能看到巴里的摊位，倘若带回去几个摆在家里，真是让人爱不释手。

巴里·克里斯特出生于 20 世纪 40 年代，这代人完全是跟随着美国业余天文浪潮走下来的。巴里在学生时代就曾经花 5 美元购买了一台"高性能"的儿童天文望远镜——灯架子改装的支架，纸板镜筒，稍不小心，望远镜的物镜就被摔碎了。巴里的父母不得不花更多的钱，买了一台 102mm 口径的月球观察镜——依然是简易的儿童天文望远镜，但总比之前的那台纸质望远镜强太多。但巴里不满足于此，他开始尝试自己制作 152mm 口径的望远镜，并且天天盯着《天空与望远镜》杂志广告上那些望远镜流口水：Unitron、Cave、Edmund——看过本书前面章节的朋友，对这些品牌应该已经非常熟悉。后来，巴里参军，对天文的兴趣爱好也随之搁置。退伍结婚后，巴里的夫人给他买了个赤道仪，他自己买了台 152mm 口径的望远镜，这才又重新玩起天文。道布森时代随之而来，巴里又成了目视派。

　　巴里很早就开始制作望远镜的缩微模型，不过他的注意力不都集中在著名的大型望远镜上，反而很喜欢做爱好者熟悉的小型望远镜。最开始，他做过 Unitron 的 102mm 口径折射式天文望远镜模型，但真正投入大量精力做模型，是从 20 世纪 80 年代末开始。一次，巴里的朋友送给他一个礼物，说是望远镜，结果是拿铜管拼凑出的一个小破模型，于是巴里重新购买了一些材料，包括黄铜和其他金属件，制作了一个精美的小望远镜模型回赠给那个朋友。自此，他开始做一些小模型送人，当然做得最好的还是自己私藏。1985 年，巴里把一些模型拿到星空派对上出售，大受欢迎，于是他便开了一个商店，专门制作售卖望远镜模型。

　　巴里曾经做过的天文望远镜模型包括：Criterion 的 RV-6、Cave 的 ASTROLA 反射式天文望远镜、Edmund 反射式天文望远镜，Tele Vue-85 折射式天文望远镜、传统道布森式望远镜、457mm 口径的大道布森式望远镜、施密特－卡塞格林望远镜等。他曾经做过的古典望远镜有克拉克 152mm 口径的折射镜、克拉克彗星镜等。他还做过一些大型专业望远镜模型，比如海尔望远镜等。2010 年，巴里在旅行途中找到了一处风景优美、交通便利的地方，于是他卖了之前的房子和商店，搬到那里定居了下来，而缩微望远镜模型的制作也随之停止了。一代传奇华丽收场，那些曾经的工艺品则成了收藏者们寻觅的宝物。

开启你的收藏

没有人会笨到想通过收藏天文望远镜来发财吧——有些金色时代的望远镜确实价格高昂，勉强可以当成艺术品慢慢等待升值，但近百年来的大部分小天文望远镜，除了对那些喜欢它们的爱好者团体来说意义非凡，对其他人来说实在是又大又重，并且毫无价值。

考虑到国内的天文爱好者有数万之众，这个数字在未来还有可能成倍增长，我们在此讲一讲如何开启小天文望远镜的收藏。国内外收藏相机和镜头的爱好者人数众多，爱好者跨进收藏的大门时常会感到无所适从——太多的收藏品似乎都有价值，却又不那么稀有，收藏价值该如何判断？小天文望远镜的收藏相比之下要简单很多，因为天文爱好者想在市面上发现一台收藏品，本身就不是一件容易的事情。

因为收藏难度大，所以想要收藏小天文望远镜的爱好者能有足够的时间去查找资料并挖掘望远镜背后的故事，也有足够的时间来思考自己的收藏目的和收藏方法。先说说高桥望远镜的收藏。虽然 20 世纪七八十年代的高桥天文望远镜在国内屈指可数，但在日本的一些拍卖网站上却并不罕见。类似的还有宾得的一些老望远镜，虽然会比高桥望远镜少一些，也依然有机会收藏。收藏者除了要量力而行外，还要注意一点：一定要把握这一品牌或这一系列的精髓，宁缺毋滥。

　　日本本土的小天文望远镜产量颇为可观，因此那些走大众路线的品牌二手镜的售价很低，比如一台 20 世纪七八十年代生产的木质脚架的好品相威信二手望远镜，售价折合人民币也只需两三千元，可以说性价比非常高，但其收藏价值并没有那么高，因为那个时代有海量的日本天文望远镜涌向世界各地，其中大多数都躺在箱子里落尘土。除非某台日本望远镜曾在 20 世纪 80 年代到了中国——那自当是另当别论，因为当年国内想要进口一台日本天文望远镜极其困难。

　　欧美一些拍卖网站也可以买到老望远镜，比如易趣、Astromart 等。相比于日本望远镜，欧美的老望远镜在精致程度上有所欠缺，只有 Unitron、Tele Vue、Astro-physics、Questar 等精品二手镜颇受追捧，其余二手镜主要在小众爱好者间交流，比如 20 世纪 70 年代的星特朗或者 20 世纪 80 年代的 Coulter。另一些小众的低价门类也值得关注，甚至可以作为收藏入门品种，即收藏的"开胃菜"，比如 Tasco、Jasco 的桌面望远镜，二手镜的价格相对便宜，外观不错，质量尚可，可藏可用，类似的还有日本威信的一些小望远镜。另外，Jasco 有一款特殊的航天飞机造型的天文望远镜，即便不作为收藏，拿来用一用也是很棒的。

　　由于国内天文器材普及较晚，中国的小天文望远镜收藏者屈指可数。若是没有三五十年的积累，两代到三代天文爱好者的文化传承，收藏风气难以形成。国内藏家的一条收藏线路是收藏 20 世纪 90 年代前的国产天文望远镜，这在收藏界算是特立独行了，因为当年的国产设备大部分算不上精致，也算不上特别高端。但如果遇到南京天仪厂 120mm 马卡望远镜、紫金望远镜、晓庄 TK80 望远镜、宝葫芦望远镜等稀有品种，最好不要放过。有朝一日，我国的国产天文望远镜，将会是受到瞩目的一个收藏系列。

金色时代的小天文望远镜收藏，和同时代的显微镜、航海仪器收藏一样，有着相对广泛的市场。世界上许多博物馆都藏有这个时代的望远镜。我认识国内的一位收藏家，专门收集欧洲 18 世纪的桌面天文望远镜以及 19 世纪早期的小天文望远镜作品，如亚当斯、傅科、塞克雷坦以及后来的特劳顿和西姆斯的望远镜。这类收藏者在全球人数不少，北京天文馆就曾从国外的收藏者手中大批购入金色时代的经典天文望远镜，但到目前为止还没有整理完毕，也没有向公众开放。

收藏 20 世纪中期到 20 世纪末这段时期的小天文望远镜的群体相对小众，但其中有很多高端天文玩家。美国收藏家戴维·特罗特是其中之一，他还录制了一系列收藏天文望远镜的"教学片"供人们参考。特罗特从不认为自己是一个收藏家，按照他自己的说法，他只是一个业余望远镜制作者并发自内心地喜爱那些金属地质的机械，从而收藏了各种经典型号的小天文望远镜。特罗特的收藏具有很强的系统性，其中既包括金色时代的高价望远镜，也包括美国 20 世纪五六十年代的民用望远镜；既有 20 世纪 80 年代末的日本摄星仪，也有玩具级别的"帕洛马模型望远镜""航天飞机望远镜"等特殊门类。特罗特对外没有透露过他收藏了多少天文望远镜，但几乎每一个品类都有所涉足。

　　天文爱好者网站 Cloudynights 是小天文望远镜收藏者交流的平台之一，之所以取名为 Cloudynights，是因为只有阴天的时候，天文爱好者们才有时间到论坛上"灌水"，才有时间抚摸、展示自己的收藏。在这个论坛上，讨论和分析老天文望远镜的渊源是爱好者们最大的乐趣，当一段历史慢慢浮出水面，每个参与者都有巨大的满足感。Cloudynights 不但有讨论功能，还可以出售自己的藏品，类似的平台还有 Astromart，甚至易趣上也偶尔会有藏品出售。

　　收藏者之间的门派之争也很有趣，高桥望远镜拥有自己的粉丝团，他们专门收集 20 世纪七八十年代时高桥制作所生产的经典作品，宾得望远镜也有自己的粉丝团。比起高桥收藏家，宾得收藏家人数较少，年岁也较大。天体物理、Tele Vue、Questar 也有自己的粉丝团。有时不同派别的收藏家相遇，寒暄之后，便会连攻带守比个高低。高手过招，听上几句，旁听之人便可收获颇多。

日本天文望远镜博物馆

20 世纪初，一些日本天文爱好者已经意识到小天文望远镜文化的重要性，于是开始想办法将其传承。村山昇作和许多热心的志愿者一同开启了小天文望远镜博物馆创建项目，他们先选定了四国岛高松市的周边，为博物馆所选的地址早先是一所学校，位于远离城市的半山腰，拥有相对较好的星空环境，只是没有交通工具直达，要先通过旅游巴士到达相近的旅游景点。

这间博物馆主要由两部分构成，分别是小型望远镜展示厅和大型望远镜展示厅，一楼设立了一个观测室，顶楼另设有观测圆顶，三楼还有一个小型天文图书馆。该博物馆收藏了 3000 多件藏品，包括望远镜和天文书籍，还有一些制造零件的机床。其中有一些著名的小型望远镜藏品，如非常古老的 460mm 口径的 Calver 反射镜，由京都大学天文学教授山本一清购买并捐赠的，这架望远镜之前的使用者有可能是著名的月球观测者沃尔特·古达克。博物馆还收藏了几件早期西村制作所的 150mm 口径的反射式天文望远镜。西村制作所制造了日本第一批商业化生产的望远镜，第一台于 1926 年交付给京都大学。1996 年，著名业余彗星猎手百武裕司使用 150mm 富士望远镜发现了百武彗星，这颗彗星是 20 世纪末发现的两大彗星之一，而这台望远镜也被天文望远镜博物馆收藏。

日本的天文望远镜博物馆接待的客人不多，主要面向学校等教育团体、爱好者团体开展活动，当然也有从欧美慕名而来的访问者，不过后者是少数。虽然小天文望远镜文化历经近 200 年，且近 70 年的发展既迅速又让人眼花缭乱，不过目前它仍是一种小众文化，是科学史和科技史范畴下的一个极小门类，虽微不足道，但一直耀眼并让人神往，毕竟每一个人都有窥知宇宙的梦想。

一些著名天文望远镜生产厂家的厂标

4.5 实用者

在本书的最后一节，让我们来为天文初学者选择一款入门级天文望远镜。看完前面的内容，大家一定能明白为何小天文望远镜的价格差异如此巨大。

大家在购买天文望远镜前，可以先问自己 3 个问题，并牢记一个原则。

第一，自己想观测哪类目标？月球、太阳、行星，还是深空天体？

第二，自己究竟是喜欢以目视为主，还是以拍照为主？

第三，自己观测的地点是阳台、楼下，还是郊外？

对于初学者来说，回答这 3 个问题并不简单，不同的回答将决定每个人所走的天文观测之路。

牢记的一个原则就是：不要贪图便宜购买低价劣质的望远镜，这会毁了一个人的天文观测梦想。约从 2000 年起，天文望远镜进入一个史无前例的低价时代。20 世纪 80 年代末到 20 世纪 90 年代初，国内的天文爱好者想要购买一台能正常使用的天文望远镜，至少要付出 800 ~ 1000 元人民币的价格——这相当于一个普通人 3 ~ 12 个月的收入。20 世纪 90 年代末，在海尔波普彗星到来之时，有不少学生家长花费五六百元却只购买到劣质的天文望远镜，当时要购买一台可靠的望远镜，需要两三千元的花费——同样是普通人好几个月的收入。如今，小天文望远镜的入门价格并没有提高，五六百元依然只能购买到劣质的天文望远镜，可靠的望远镜的价格门槛依然是 3000 多元。

如果资金不是问题，就请无视那些"玩具"，考虑买一台真正可靠的小天文望远镜吧。

对于入门者来说，观测之路有多种选择。城市中适合月球和行星的目视及摄影观测；野外适合深空天体的目视及摄影观测。这两类观测都很有魅力，都需要付出心血才能有所收获。

月球与行星观测望远镜

在城市中进行月球与行星观测是八成以上入门者的选择，大部分人认为这种观测似乎没有那么累。实则不然，月球与行星观测需要长时间的累积才能获得更多的细节，并非很多人预想的那样，在望远镜中一眼望去，行星就清晰无比。完美的目视行星观测望远镜是大口径的长焦复消色差折射式天文望远镜，也被称为"行星复消色差镜"，配合中心反差极好的单心行星目镜，可以获得让人惊异的目视效果，行星复消色差望远镜同样是摄影利器，但这类设备的价格对初学者而言过于高昂。便宜一些的替代品是优质的施密特－卡塞格林望远镜或者马克苏托夫－卡塞格林望远镜，这类望远镜的镜身只需两三千元，但由于其焦距长，往往需要很好的支撑，而一个坚固的经纬台或者赤道仪则价格不菲，而且需要有微动或者电动微调装置——这倒不是为找到行星进而跟踪，而是为了在追踪微调时更为舒适。

舒适度也是一个"杀手"——很多入门者的积极性就是被极差的舒适度扼杀的。就月球与行星观测而言，20 世纪 90 年代的米德 ETX 系列、星特朗的 SE 系列和 STL 系列都是性价比较高的选择。博冠的三片式马卡望远镜配合赤道仪同样好用。但对于入门者来说，赤道仪并不是个好用的东西。另外一种廉价的替代品是道布森式的牛顿反射式天文望远镜，这类望远镜简单实用、价格亲民，国内常见的是信达和探索科学的道布森望远镜，只需 4000 元即可拥有大口径设备。这两种设备因为有口径大的优势，在行星和月球摄影上效果颇佳，但目视要逊色一些。这类望远镜庞大沉重的"身姿"让很多家庭望而却步。实际上，152 ~ 203mm 口径的道布森望远镜很适合一般家庭，但这类望远镜要求使用者具备一定的动手能力，光轴校准对入门者来说似乎有些难度，不过这也是望远镜观测绕不过去的一项技能。

深空天体观测望远镜

在群星中"漫步"，寻找一个个星云或者星系、星团，这是很多天文入门爱好者的梦想。然而想要实现这个梦想，必须远离城市光害，到晴朗通透、漆黑一片的远郊区去。深空天体观测的另外一个问题是目视观察与摄影需要两套截然不同的设备——目视观测需要的是一台大口径的道布森牛顿反射式天文望远镜，配合不同倍率的广角目镜。这种搭配带来的享受会让大多数人兴奋。当然，我们看到的是天体的"黑白照片"，因为亮度，我们分辨不出大多数深空天体的颜色，能看到颜色的只有猎户座大星云、天琴座环状星云等明亮天体。一台 203mm 口径或者 254mm 口径的手动道布森望远镜的价格是四五千元，虽然稍高，但这是一种性价比很高的选择。对深空天体摄影来说，获得照片更令人兴奋，但要采用截然不同的另一种设备——小口径摄星仪。极少有入门者选择小口径摄星仪作为设备，一方面它对操作技术要求颇高，小口径摄星仪需要和高精度的电子跟踪赤道仪及导星装置配合，对极轴、寻找天体、对焦、导星等一系列操作都有较高的技术难度。另一方面，最便宜的摄星仪也需要四五千元的价格，而一台基础电动跟踪赤道仪同样要五六千元，总体来说是万元起步，而且这套设备并不适合进行目视观测。当然，还有一种折中的方案被很多爱好者采用，那就是放弃摄星仪，采用152mm左右的抛物面反射望远镜与赤道仪组合，目视与摄影一举两得，入门价格也在万元之内。但这只是权宜之计，多数爱好者在采用这一方案两三年后，会重新回归到大道布森望远镜加小口径摄星仪的路上——在拍摄时，能够同时用道布森望远镜欣赏星空，这种享受实在是令爱好者难以抵挡。

千元左右的月球望远镜

千元左右的望远镜是不是一无是处呢？如果预算只有一千多元，可以只买一台以月球为主要观测对象的望远镜，即"月球镜"。这类望远镜一般是小口径中长焦的双消色差折射式天文望远镜，支撑结构采用钢制脚架配合稳固的经纬台，必须注意的是，这种经纬台一定要带微动调节，否则会大大降低观测的舒适感。20世纪90年代，国产的很多入门级望远镜都是因为没有微动调节，造成了用户体验感不佳。即便是现在，没有微动结构的经纬台望远镜依然占据主导地位，这就导致了很多用户在使用望远镜时连月亮都找不到，只好弃置于一旁。对于千元预算的月球望远镜，建议另外花几百元来配置好用的目镜——千元预算的望远镜原装目镜大部分不堪一用。以下几种目镜可以说是物美价廉，如40mm

左右的超低倍普罗素目镜，可以让星空搜寻过程大大简化；25mm
左右的超广角目镜和 12mm 左右的超广角目镜可以用来进行长时
间的细致观测。

　　对于那些几百元到一千多元，号称功能齐全，甚至带电动、
带赤道仪、可以有上千倍放大的天文望远镜，其存在的目的主要
是练习拆装。

后记

本书稿耗时 3 年多才完成，在我的写作中，这绝对算是蜗牛般的速度。不过俗话说得好，慢工出细活。写完第一稿，我对这本小书信心满满，但不知道其他人是否愿意看这本书。于是我把书稿先给了几位资深的天文爱好者审读，反馈几乎一致——题材不错，但没看过瘾。心有不甘之余，我把书稿又送给社科类的资深编辑们审读，他们的反馈也几乎一致——细节不讲究、颗粒太粗糙。垂头丧气之余，我开始动手修改稿子。小天文望远镜看上去是一个不起眼的角落题材，但绝对是一个深坑，使我掉进文献中难以挣脱，而且我对读这些文献颇为上瘾，常常越陷越深。我认为自己需要想明白一个问题：这本小书，到底应该给谁看？

中国的天文爱好者数量在一二十万人以上，而且对天文感兴趣的人远不止这些，如此情形，颇似美国 20 世纪六七十年代以及日本 20 世纪七八十年代的天文发展潮来临之前。若不出所料，在未来 10 年，中国将形成一大批天文爱好者，数量将比肩美国和日本。面对这一未来的天文爱好者群体，我们能做些什么？

凡是热爱天文者，必对自己的望远镜珍爱有加。若想了解小天文望远镜，这本小书或许就是他们的起点。可是，究竟有多少人会看这本小书呢？国家天文台的姜晓军研究员是天文望远镜领域公认的专家，本书完稿后，我曾和姜老师进行过多次讨论，在对书稿进行修改的同时也逐渐有了信心：中国还是有相当一批爱好者偏爱小天文望远镜的历史和文化，他们将是第一批，也会是最喜爱此书的读者——当然，他们也可能会对本书提出很多批评性意见。很多年轻的器材玩家和天文摄影师也会是本书的读者，本书可能会成为他们茶余饭后的谈资。我将书稿交给彗星研究专家叶泉志老师审读，他给了我一个很好的建议，这本书或许有文献研究的意义，应该将文献索引做好。可惜我写作习惯并不那么规范，只能尽力而为，不足之处，只能请大家见谅。

本书援引的资料，出自各路文献、期刊杂志，以及像 Cloudy-Nights 这样的论坛中。这些资料在国内不易寻找，如此集结起来，已经颇难，但更难的是对国产望远镜资料的挖掘，不仅要查阅大量老资料，我还尝试做了一些采访——毕竟老玩家口中的故事，才是最为珍贵的。有些资深玩家始终未能采访成功，留下了些遗憾。我虽然在天文台工作，却深知天文爱好者和天文摄影师这两个群体的重要性，他们的实力丝毫不弱于专业的天文工作者。《黑夜遥望》（*Seeing in the Dark*）一书中提及，业余爱好者（Amateur）这个词于 1784 年出现在英语中，而科学家（Scientist）这个词到 1840 年才出现，前者因热爱而存在已久。对天文爱好者来说，不妨继续尽情热爱所热爱的天文吧。小天文望远镜或许就是这样一个美好的落脚点。当你读完这本小书，或许会产生一种有趣的感受：不论窗外阴云密布还是灯火闪耀，或是那些你所钟爱的星星正躲着避而不见，但只要心爱的小天文望远镜在手，一切就不是问题——它既容纳了星空，也记录了你与星空的故事。

张 超

2020 年 6 月 21 日 日环食结束之后

致谢

  本书在撰写过程中遇到了不少问题，如资料的连贯性尚不完备，可靠性也有待进一步深究，最大的问题还是对于国内天文望远镜在起步阶段的资料收集和整理，此非一人之力可以完成，在几年的工作中，得到了多位朋友的帮助，在此逐一表示感谢。

  参与资料收集整理工作的人员包括国家天文台研究员、望远镜专家姜晓军，资深天文爱好者陈亮亮、牛磊、马劲、JQ、酱油盐等；参与校勘工作的人员包括国家天文台研究员、望远镜专家姜晓军，业余天文史爱好者林景明，资深天文爱好者刘乙韬、马劲，以及小行星专家叶泉志；接受采访并提供线索与帮助的人员包括原中科院天仪厂专家胡宁生，原中科院天仪公司专家赵晖，中科院紫金山天文台专家陈向阳，原北京天文馆专家张宝林，云南天文爱好者协会理事苏泓，科协专家刘天骥，国家天文台副研究员黎耕，资深天文爱好者吴志伟、赵玉春、林景明、许军、陈海莹、张时寒。本书的手绘工作主要由资深天文爱好者、EN 团队的发起者马劲完成，部分重要调查资料来自陈亮亮近年的工作成果。《中国国家天文》编辑部的多位同事也为本书的图片绘制和版式设计提供了帮助。

时间与水平有限，本书尚存问题颇多，请各位读者多多包涵。

参考文献

[01] 波特 . 剑桥科学史（第四卷：18 世纪科学）[M]. 方在庆，译 . 郑州：大象出版社，2010.

[02] 沃尔夫 . 十八世纪科学、技术和哲学史（上）[M]. 北京：商务印书馆，1991.

[03] 贝纳尔迪 . 较量 [J]. 中国国家天文，2020(3): 78-81.

[04] 李珩 . 佘山天文台过去的历史和未来的展望 [M] // 中国科学院上海天文台 . 中国科学院上海天文台年刊创刊百年纪念文集 . 上海：上海科学技术出版社 . 2007.

[05] 陈遵妫 . 中国天文学史 [M]. 上海：上海人民出版社，2006.

[06] 张农 . 全国广播广告获奖作品选评 [M]. 北京：中国广播电视出版社，1991.

[07] 狄金森 . 天空的魔力 [M]. 胡群群，译 . 长沙：湖南科学技术出版社，2011.

[08] 刘钧 . 光学设计 [M]. 北京：国防工业出版社，2016.

[09] 王德昌 . 哈雷彗星观测手册 [M]. 成都：四川科学技术出版社，1985.

[10] 姜晓军 . 天文器材附件——目镜的性能与选择 (1)[J]. 天文爱好者，2000(2):12-15.

[11] 姜晓军. 天文器材附件——目镜的性能与选择 (2)[J]. 天文爱好者，2000(3):13-15.

[12] WOLF E D. Wolf Telescopes: A Collection of Historical Telescopes [J]. Journal of Astronomical History and Heritage, 2016, 19(3):349-351.

[13] BELL T E. New Documents Published in Special Issue of Journal of the Antique Telescope Society Reveal Unknown Aspects of Early Career of Major American Telescope-Maker Alvan Clark [J]. Journal of the Antique Telescope Society, 2006(9):27-28.

[14] PAYNE W W. The Alvan Clark and Sons Corporation [J] .Popular Astronomy, 1907, 15(8):413-416.

[15] ANDREWS AD. Cyclopaedia of telescope makers [J]. The Irish Astronomical Journal, 1992(20):3 .

[16] ANDREWS AD. Cyclopaedia of telescope makers [J]. The Irish Astronomical Journal, 1993(21):1 .

[17] ANDREWS AD. Cyclopaedia of telescope makers [J]. The Irish Astronomical Journal, 1994(21):3-4.

[18] ANDREWS AD. Cyclopaedia of telescope makers [J]. The Irish Astronomical Journal, 1995(22).

[19] ANDREWS AD. Cyclopaedia of telescope makers [J]. The Irish Astronomical Journal, 1996(23):1.

[20] ANDREWS AD. Cyclopaedia of telescope makers [J]. The Irish Astronomical Journal, 1996(23):2.

[21] ANDREWS AD. Cyclopaedia of telescope makers [J]. The Irish Astronomical Journal, 1997(24):2.

[22] ANDREWS AD. Cyclopaedia of telescope makers [J]. The Irish Astronomical Journal, 1998(25):1.

[23] FRED W. Stargazer: the life and times of the telescope [M]. Boston: Da Capo Press, 2007.

[24] DOLLFUS A. Christiaan Huygens as telescope maker and planetary observer[J]. Proceedings of the International Conference "Titan - from discovery to encounter". NOORDWIJK, NETHERLANDSR. ESA Publications Division, 2004:115-132.

[25] LOUWMAN P. Christiaan Huygens and his telescopes[J]. Proceedings of the International Conference "Titan - from discovery to encounter". Noordwijk, Netherlandsr. ESA Publications Division, 2004:103-114.

[26] ENGLISH N. Classic Telescopes: A Guide to Collecting, Restoring and Using Telescopes of Yesteryear[M]. Switzerland: Springer, 2013.

[27] HUGHES S. Catcher of the light-A History of Astrophotography[M]. ArtDeCiel Publishing，2012.

[28] GLASS I S. The Astrographic Telescope of the Royal Observatory, Cape[J]. MNASSA，2012(71):113-120.

[29] CAMERON G L. Public skies: telescopes and the popularization of astronomy in the twentieth century[J]. Iowa State University Digital Repository, 2010(1):1

[30] 村上春太郎 . 天文学一夕話 [M]. 京都：島津製作所，1902.

[31] 塚原東吾 . 科学機器の歴史 : 望遠鏡と顕微鏡 [M]. 東京都：日本評論社，2005.

[32] 吉田正太郎. 望遠鏡発達史〔上〕[M]. 东京都：誠文堂新光社，1994.

[33] 冨田良雄. 中村要と反射望遠鏡 [M]. 京都：かもがわ出版，2000.

[34] 永平幸雄. 近代日本と物理実験機器 [M]. 京都：京都大学学術出版会，2001.

[35] 日本天文学会百年史編纂委員会. 日本の天文学の百年 [M]. 东京都：恒星社厚生閣，2008.

[36] 小尾信弥. 図説天文学における望遠鏡の歴史 [M]. 东京都：朝倉書店，1984.

[37] 中島隆. 博西村製作所望遠鏡資料とその最古の天体望遠鏡写真帳 [J]. 国立科学博物館研究報告 E 類（理工学），2013,12(22):19–26.

[38] 五藤光学研究所. 天文と気象別冊『天体望遠鏡のすべて '75 年版』[J]. 地人書館，1975.

[39] 五藤光学研究所. 天文と気象別冊『天体望遠鏡のすべて '81 年版』[J]. 地人書館，1981.

[40] 五藤光学研究所. 天文と気象別冊『天体望遠鏡のすべて '83 年版』[J]. 地人書館，1983.

[41] 五藤光学研究所. 天文と気象 [J]. 地人書館，1974.

[42] 五藤光学研究所. 天文と気象 [J]. 地人書館，1979.

[43] 五藤光学研究所. 天文と気象 [J]. 地人書館，1983.

[44] 月刊天文編集部. 月刊天文別冊『天体望遠鏡のすべて '85 年版』[M]. 东京都地人書館，1985.

[45] 月刊天文編集部．月刊天文別冊『天体望遠鏡のすべて '87 年版』[M]．东京都地人書館，1987.

[46] 月刊天文編集部．月刊天文別冊『天体望遠鏡のすべて '79 年版』[M]．东京都地人書館，1979.

[47] 天文ガイド編集部．天文ガイド [M]．东京都：誠文堂新光社，1967.

[48] 天文ガイド編集部．天文ガイド [M]．东京都：誠文堂新光社，1975.

[49] 东亚天文学会．天界 [J]．东亚天文学会，1938.

其他参考资料

[01] "公司 7"网站中对 Criterion、Questar、Quantum 等望远镜历史的相关记录.

[02] 蔡司天文网站中对于蔡司的主要天文望远镜型号规格的相关描述.

[03] 高桥日本网站中对高桥天文望远镜部分历史型号望远镜的相关描述.

[04] 高桥美洲网站中对高桥天文望远镜早期历史和 70 年代历史的相关记录.

[05] 牧夫天文论坛中,宾得望远镜简史中的相关记录和总结(刘乙韬).

[06] 天之文论坛中,对于 80 年代国产天文望远镜的广告总结.

[07] 应用艺术与科学网站中所刊载的文章:The Astrographic Telescope: a story of restoration(Kate Chidlow).

[08] 比利时皇家天文台网站中刊载的文章.

[09] "以往想要的天体望远镜"网站中对日本天文望远镜不同品牌不同时期的广告总结.

[10] 菲尔哈林顿网站中对欧美各款天文望远镜广告的总结.

[11] 日野日本网站中对日野金属天文望远镜历史的记录.

[12] 天体望遠鏡博物館网站中所刊载 "国産天体望遠鏡産業躍進の背景".

[13] 斯特拉芬网站中所刊载的历史文章.

[14] 哈特尼斯豪斯网站中所刊载的历史类相关文章.

[15] "暗星"网站中关于蔡司望远镜历史资料的汇总.

[16] "镜片贴士"网站关于 PZO 望远镜的历史资料汇总 "The history of PZO".

[17] "Unitron 历史项目"网站中对于 Unitron 望远镜的历史资料汇总.

[18] 南非天文学会（ASSA）资料图.

[19] "多云之夜"（Cloudynight）网站的相关参考内容.

[20] Beyond the Dome: Amateur Telescope Making and Astronomical Observation at the Adler Planetarium，阿德勒天文馆资料图.

[21] Der Schiefspiegler 中资料图.

[22] REMMERT E. Die Franckh'sche Verlagshandlung Stuttgart Abteilung KOSMOS – Lehrmittel. 2014.